H. J. Blaß, M. Flaig

Stabförmige Bauteile aus Brettsperrholz

Titelbild: Brettsperrholzträger mit Ausklinkungen,
Durchbrüchen und Queranschlüssen

Band 24 der Reihe
Karlsruher Berichte zum Ingenieurholzbau

Herausgeber
Karlsruher Institut für Technologie (KIT)
Lehrstuhl für Ingenieurholzbau und Baukonstruktionen
Univ.-Prof. Dr.-Ing. H. J. Blaß

Stabförmige Bauteile
aus Brettsperrholz

Das diesem Bericht zugrunde liegende Forschungsvorhaben 16551N der Forschungsvereinigung Internationaler Verein für Technische Holzfragen e. V. wurde über die AiF im Rahmen des Programms zur Förderung der industriellen Gemeinschaftsforschung und -entwicklung (IGF) vom Bundesministerium für Wirtschaft und Technologie aufgrund eines Beschlusses des Deutschen Bundestages gefördert. Die Verantwortung für den Inhalt dieser Veröffentlichung liegt bei den Autoren.

von
H. J. Blaß
M. Flaig
Karlsruher Institut für Technologie (KIT)
Lehrstuhl für Ingenieurholzbau und Baukonstruktionen

Gefördert durch:

Bundesministerium
für Wirtschaft
und Technologie

aufgrund eines Beschlusses
des Deutschen Bundestages

Impressum

Karlsruher Institut für Technologie (KIT)
KIT Scientific Publishing
Straße am Forum 2
D-76131 Karlsruhe
www.ksp.kit.edu

KIT – Universität des Landes Baden-Württemberg und
nationales Forschungszentrum in der Helmholtz-Gemeinschaft

KIT Scientific Publishing 2012
Print on Demand

ISSN 1860-093X
ISBN 978-3-86644-922-0

Vorwort

In diesem Forschungsbericht werden neu entwickelte Ansätze für die Biege- und Schubbemessung von in Plattenebene auf Biegung beanspruchten, stabförmigen Bauteilen aus Brettsperrholz vorgestellt, die auf der Grundlage von Versuchen, numerischen Simulationen und analytischen Betrachtungen entwickelt wurden.

Die Arbeit wurde durch das Programm zur Förderung der industriellen Gemeinschaftsforschung und -entwicklung (IGF) vom Bundesministerium für Wirtschaft und Technologie unter dem Förderkennzeichen 16551N gefördert. Die Prüfkörper für die durchgeführten Versuche wurden von den fünf am Forschungsvorhaben beteiligten, mittelständischen Industrieunternehmen kostenfrei zur Verfügung gestellt.

Planung, Durchführung und Auswertung der Versuche sowie die Entwicklung eines Programmes für die numerische Simulation von Tragfähigkeitsversuchen und die Herleitung von Bemessungsansätzen für den Nachweis der Schubspannungen bei in Plattenebene beanspruchten Brettsperrholzträgern erfolgten durch Herrn Dipl.-Ing. (FH) Marcus Flaig. Für die Vorbereitung und die Herstellung der Prüfkörper, den Aufbau der Versuche und die Einrichtung der Messtechnik waren Alexander Klein, Michael Deeg, Martin Huber, Sören Hartmann und Michael Scheid verantwortlich.

Allen Beteiligten ist für die Mitarbeit zu danken.

Hans Joachim Blaß

Inhalt

1 Einleitung

1.1 Motivation

Brettsperrholz hat sich in den vergangenen Jahren als Werkstoff für die Herstellung tragender Bauteile im Holzbau zunehmend etabliert. Die stetig wachsende Zahl der erteilten Zulassungen und die Bestrebungen, auf europäischer Ebene eine Produktnorm zu erarbeiten, belegen dies anschaulich. Der Anwendungsbereich von Brettsperrholzprodukten ist bislang jedoch weitgehend auf flächige Bauteile, wie Wand-, Decken- oder Dachelemente begrenzt, obwohl die Verwendung für stabförmige Bauteile für viele Anwendungsfälle durchaus vorteilhaft erscheint und in den Zulassungen nicht explizit ausgeschlossen wird. Im Hinblick auf den Einsatz als Biegeträger erscheinen insbesondere die hohen Querzug- und Schubfestigkeiten bei Beanspruchung in Plattenebene und die damit verbundene geringere Rissempfindlichkeit als wesentliche Verbesserung gegenüber Bauteilen aus Brettschichtholz.

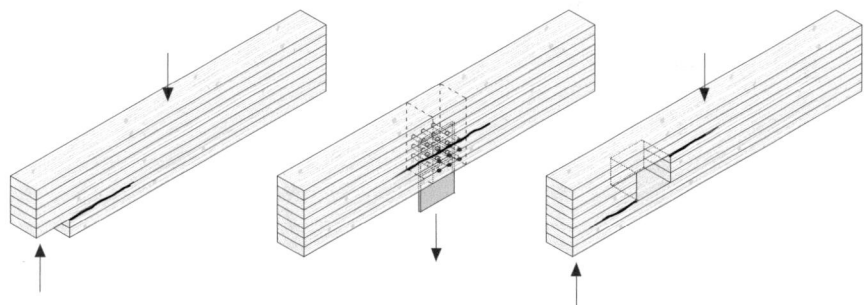

Bild 1-1   Rissgefährdung bei Brettschichtholzträgern mit planmäßigen Querzugbeanspruchungen

Der für Brettsperrholz charakteristische Elementaufbau aus rechtwinklig miteinander verklebten Brettlagen birgt jedoch auch gewisse Nachteile: So leisten die Querlagen, auf die letztlich die hohen Querzug- und Schubfestigkeiten der Bauteile zurückzuführen sind, keinen Beitrag zur Tragfähigkeit in Längsrichtung. Damit stabförmige Bauteile aus Brettsperrholz auch wirtschaftlich konkurrenzfähig sind, ist es erforderlich, diesen Tragfähigkeitsverlust durch eine Optimierung der Querschnitte und die Ausnutzung von Vergütungseffekten soweit wie möglich zu reduzieren und auszugleichen. Hinreichende Schubtragfähigkeiten von Bauteilen aus Brettsperrholz werden in der Regel bereits bei einem Querlagenanteil von 15% bis 20%, bezogen auf den Gesamtquerschnitt, erreicht. Um bei gleichem Materialeinsatz vergleichbare Biegetragfähigkeiten wie bei Brettschichtholzträgern zu erreichen, müsste demnach die Biegefestigkeit von Brettsperrholz um diesen Anteil größer sein als jene von Brettschichtholz.

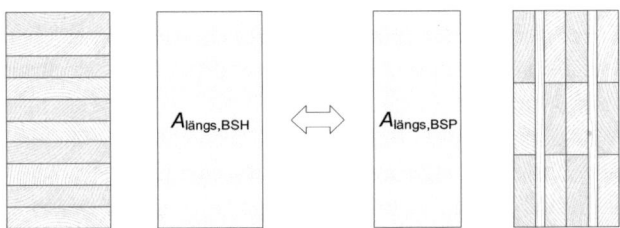

Bild 1-2   wirksamer Querschnitt bei Beanspruchung in Trägerlängsrichtung; links: Brettschichtholz, rechts: Brettsperrholz

1.2   Kenntnisstand und Vorgehensweise

Bislang sind Anwendung und Bemessung von Brettsperrholzprodukten, die als tragende oder aussteifende Bauteile in Bauwerken verwendet werden, durch nationale oder europäische Zulassungen geregelt. Für die Bemessung bei Beanspruchung in Plattenebene sind in den erteilten Zulassungen unterschiedliche Regelungen enthalten, die insbesondere beim Nachweis der Schubspannungen zu teilweise deutlich unterschiedlichen Ergebnissen führen.

1.2.1   Biegebemessung bei Beanspruchung in Plattenebene

In vielen der für Brettsperrholzprodukte erteilten nationalen und europäischen Zulassungen sind Systembeiwerte zur Erhöhung der Biegefestigkeit in Abhängigkeit der Anzahl der in einem Bauteil nebeneinander liegenden, gleichmäßig am Lastabtrag beteiligten Lamellen enthalten. Für die meisten Produkte darf der Systembeiwert nach Gleichung (1-1) angenommen werden, mit einem Größtwert von 1,1 bei mindestens vier mitwirkenden Lamellen. Vereinzelt dürfen auch Systembeiwerte bis 1,2 nach Gleichung (1-2) angesetzt werden. Der Größtwert gilt dann bei acht mitwirkenden Lamellen. Mit wenigen Ausnahmen ist die Anwendung der in den Zulassungen angegebenen Systembeiwerte nur für die Biegefestigkeit bei Beanspruchungen rechtwinklig zur Plattenebene vorgesehen. In einigen neueren Zulassungen sind jedoch auch für die Biegefestigkeit bei Beanspruchung in Plattenebene Systembeiwerte angegeben, z.B. in ETA 11/0189 [1] und ETA 11/0210 [2].

$$k_\ell = \min \begin{cases} 1+0,025 \cdot n \\ 1,1 \end{cases} \tag{1-1}$$

$$k_\ell = \min \begin{cases} 1+0,025 \cdot n \\ 1,2 \end{cases} \tag{1-2}$$

Jeitler und Brandner [3] geben auf der Grundlage experimenteller und theoretischer Untersuchungen Systembeiwerte für Querschnitte aus miteinander verklebten Schnitthölzern in Abhängigkeit der Lamellenanzahl und des Variationskoeffizienten der betrachteten Festigkeitskenngröße wie folgt an:

$$k_\ell = 1+2,7 \cdot \text{VarK}(f)^{1,95} \cdot \ln(n) \tag{1-3}$$

für $\text{VarK} \leq 0,25$ und $1 \leq n \leq \infty$

Die von Jeitler und Brandner ermittelte logarithmische Funktion für den Systembeiwert führt im Vergleich mit den in den Normen und Zulassungen angegebenen, abschnittsweise linearen Funktionen zu deutlich größeren Systembeiwerten. Dies trifft insbesondere für kleine Werte von n zwischen zwei und sechs zu, die im Hinblick auf die praktische Anwendung von stabförmigen Bauteilen aus Brettsperrholz von besonderer Bedeutung sind.

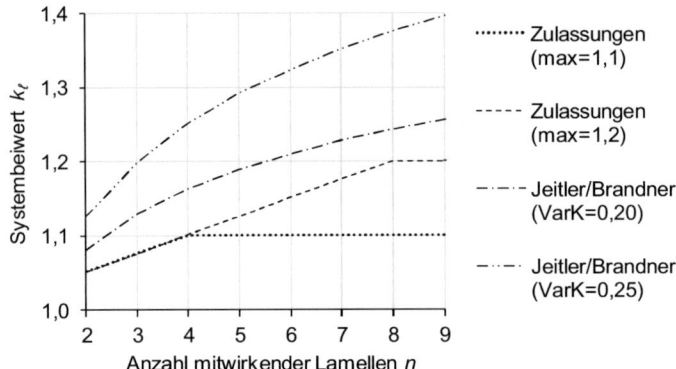

Bild 1-3   *Systembeiwerte in nationalen und europäischen Zulassungen für Brettsperrholzprodukte und nach Jeitler u. Brandner*

Brettsperrholzelemente werden gewöhnlich aus Brettlamellen herge-stellt, die nach denselben Kriterien wie Lamellen für Brettschichtholz sortiert sind. Im Gegensatz zu Brettschichtholz, wo bei Flachkantbiege-beanspruchung der Lamellen die Normalspannungen innerhalb einer Lamelle annähernd konstant sind, treten bei in Plattenebene auf Biegung beanspruchten Bauteilen aus Brettsperrholz nennenswerte Biegespan-nungsanteile innerhalb der Lamellen auf. Die einzelnen Brettlamellen werden dabei, entgegen der vorgesehenen Verwendung im Sinne der Sortierung, nicht mehr vornehmlich durch Zug- oder Druckkräfte, son-dern gleichzeitig auch durch nicht mehr zu vernachlässigende Biege-momente beansprucht.

Da die Lamellen nach den Kriterien für Bretter sortiert werden, kann die Biegefestigkeit von in Plattenebene beanspruchten Bauteilen aus Brettsperrholz nicht auf der Grundlage von Biegefestigkeiten ermittelt werden, die für kantholzsortiertes Schnittholz gelten. Auch die oben genannten Systembeiwerte können nicht ohne weiteres verwendet wer-den, da sie, wie Jeitler und Brandner gezeigt haben, von der Streuung der betrachteten Festigkeitseigenschaft abhängig sind, die wiederum für die Zug- und die Biegefestigkeit nicht gleich groß ist.

Eines der Ziele des Forschungsvorhabens war daher die Ermittlung von Systembeiwerten für die Biegefestigkeit von stabförmigen, in Plattenebene beanspruchten Bauteilen aus Brettsperrholz in Abhängigkeit des Lagenaufbaus. Da für die Ermittlung auf der Grundlage experimenteller Untersuchungen sehr große Versuchsreihen erforderlich wären, die mit erheblichem finanziellem Aufwand verbunden sind, wurde die Biegefestigkeit durch die numerische Simulation von Tragfähigkeitsversuchen ermittelt. Hierfür wurde ein bereits in den 1990er Jahren am Lehrstuhl für Holzbau und Baukonstruktionen des KIT entwickeltes Rechenmodell für die Simulation der Biegefestigkeit von Brettschichtholzträgern verwendet (siehe z.B. Colling [4], Frese [5], Blaß et al. [6]), das für die Simulation von Brettsperrholz entsprechend modifiziert und erweitert wurde. Eine wesentliche Ergänzung des bestehenden Rechenmodells war die Einführung der Hochkantbiegefestigkeit von Brettern und Keilzinkenverbindungen, die zuvor durch Versuche ermittelt wurden.

1.2.2   Schubbemessung bei Beanspruchung in Plattenebene

Für die Schubbemessung bei Beanspruchung in Plattenebene existieren in den derzeit erteilten Zulassungen deutlich unterschiedliche Ansätze, von denen die am häufigsten verbreiteten nachfolgend kurz beschrieben werden:

- Nachweis der nach technischer Biegelehre berechneten Schubspannung mit $f_{v,k}$ = 2,5 N/mm², wobei nur Schichten mit schmalseitenverklebten Brettern in Ansatz gebracht werden dürfen.

- Nachweis der nach technischer Biegelehre berechneten, auf den Nettoquerschnitt bezogenen Schubspannung mit einer durch Versuche nach CUAP 03.04/06, Abschnitt 4.1.2.3 ermittelten, ebenfalls auf den Nettoquerschnitt bezogenen Schubfestigkeit.

- Nachweis der nach technischer Biegelehre berechneten, auf den Nettoquerschnitt bezogenen Schubspannung mit $f_{v,k}$ wie für Nadelschnittholz und Nachweis der Torsionsschubspannungen in den Kreuzungsflächen mit $f_{v,tor,k}$ = 2,5 N/mm².

- Nachweis der nach technischer Biegelehre berechneten, auf den Gesamtquerschnitt bezogenen Schubspannung mit $f_{v,k}$ = 3,5 N/mm² sowie Nachweis der auf den Nettoquerschnitt bezogenen Schub-spannung mit $f_{v,k} = 8{,}0$ N/mm² und Nachweis der Torsionsschub-spannungen in den Kreuzungsflächen mit $f_{v,tor,k} = 2{,}5$ N/mm².

Da nur bei einem sehr geringen Anteil der Brettsperrholzprodukte die Schmalseiten der Bretter miteinander verklebt werden ist der zuerst genannte Ansatz als Sonderfall anzusehen. Der zweite Ansatz für die Schubbemessung beruht auf einer von der EOTA (European Organisation for Technical Approvals) im Jahr 2005 herausgegebenen CUAP (Common Understanding of Assessment Procedure) für Brettsperrholz-produkte und ist daher vornehmlich in europäisch technischen Zulas-sungen zu finden. Dieser Ansatz hat den Nachteil, dass die Schubfestig-keit, unabhängig vom Lagenaufbau der Elemente, pauschal angegeben wird. Die beiden zuletzt genannten Ansätze beruhen auf einem mecha-nischen Modell für Scheiben aus Brettsperrholz, das von Blaß und Gör-lacher [7] bereits im Jahr 2002 vorgeschlagen wurde. Der zuletzt ge-nannte Ansatz unterscheidet sich dabei lediglich durch die Hinzunahme eines weiteren Versagensmechanismus vom vorgenannten. Beide An-sätze ermöglichen eine Schubbemessung in Abhängigkeit des Lagen-aufbaus und bieten daher die Möglichkeit einer differenzierten und gleichzeitig wirtschaftlichen Schubbemessung von Bauteilen aus Brettsperrholz bei Beanspruchung in Plattenebene.

Ein weiteres wichtiges Ziel im Rahmen des Forschungsvorhabens war die Entwicklung eines Konzeptes für die Schubbemessung von stabför-migen Bauteilen aus Brettsperrholz, das einerseits dem in der Praxis tätigen Ingenieur eine Schubbemessung mit vertretbarem Aufwand er-möglicht, gleichzeitig aber auch für die Bemessung von Sonderbauteilen mit planmäßiger Querzugbeanspruchung und hohen Schubbeanspru-chungen geeignet ist. Hierzu wurde zunächst der von Blaß und Görla-cher [7] für die Schubbemessung von scheibenartigen Bauteilen vorge-schlagene Ansatz mit Hilfe der Verbundtheorie für die Anwendung bei schlanken Biegeträgern aufbereitet und ergänzt. In einem weiteren Schritt wurde das neu entwickelte Bemessungskonzept zur Auswertung von Tragfähigkeitsversuchen an Trägern mit angeschnittenen Rändern, Queranschlüssen, Durchbrüchen und Ausklinkungen verwendet und die dabei ermittelten Festigkeiten mit den an Kleinproben festgestellten Werten verglichen.

2 Biegefestigkeit bei Beanspruchung in Plattenebene

2.1 Experimentelle Untersuchungen

An der Versuchsanstalt für Stahl, Holz und Steine wurden in den vergangenen Jahren zahlreiche Versuche mit in Plattenebene beanspruchten Trägern aus Brettsperrholz durchgeführt. Die Versuchsergebnisse
deuten darauf hin, dass der mit steigender Anzahl paralleler Brettlagen
einhergehende Anstieg der Biegefestigkeit solcher Bauteile durch die in
den Zulassungen angegebenen Systembeiwerte bei Weitem nicht in
vollem Umfang genutzt wird.

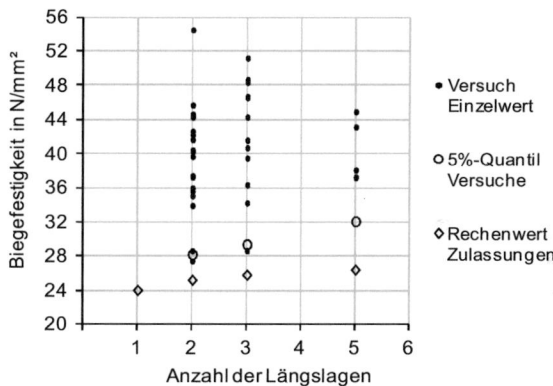

Bild 2-1   *Im Rahmen von Zulassungsversuchen ermittelte Biegefestigkeiten*
von in Plattenebene beanspruchten Brettsperrholzträgern

Im Rahmen der bislang durchgeführten Versuche wurden die Ästigkeit,
der Elastizitätsmodul und die Rohdichte des zur Herstellung der Prüfkörper verwendeten Materials teilweise erfasst und dokumentiert. Der Zusammenhang zwischen den mit der Biegefestigkeit korrelierten Kenngrößen und der Biegefestigkeit selbst wurde aber bislang nicht systematisch untersucht.

Wegen der wachstumsbedingt stark streuenden Materialeigenschaften
der Brettlamellen sind zur Ermittlung des Zusammenhangs zwischen der
Biegefestigkeit und dem Lagenaufbau von Brettsperrholzelementen auf
der Grundlage experimenteller Untersuchungen umfangreiche Versuchs-

reihen erforderlich. Da am Lehrstuhl für Holzbau und Baukonstruktionen seit Mitte der 1990er Jahre die Biegefestigkeit von Brettschichtholz mit Hilfe numerischer Simulationen erfolgreich bestimmt wird, schien es naheliegend, diese Vorgehensweise zur Ermittlung der Biegefestigkeit von Brettsperrholz zu verwenden und dadurch den Umfang der erforderlichen Versuche drastisch zu reduzieren. Zielsetzung der im Rahmen des Forschungsvorhabens durchgeführten Biegeversuche mit prismatischen Stäben war daher nicht vorrangig die Ermittlung der Biegefestigkeit von Brettsperrholzträgern in Bauteilgröße, sondern vielmehr die Validierung des in Abschnitt 2.2 beschriebenen Rechenmodells, das für die numerische Simulation der Biegefestigkeit von Brettsperrholzträgern bei Beanspruchung in Plattenebene verwendet wurde.

2.1.1   Versuchsprogramm

Das Versuchsprogramm umfasste insgesamt acht Versuchsreihen. Die Beanspruchung der Prüfkörper aller Reihen erfolgte ausschließlich in Richtung der Plattebene.

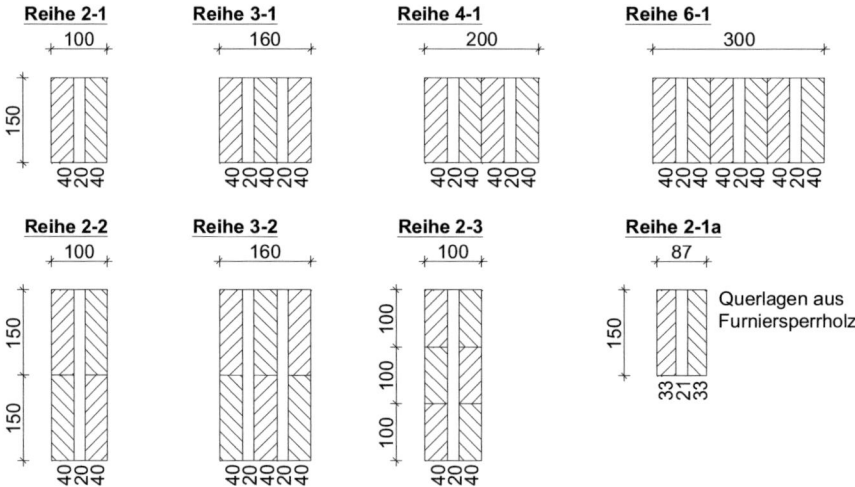

Bild 2-2   Querschnitte der Prüfkörper (Maße in mm)

Die Hochkantbiegefestigkeiten von Brettlamellen und von Keilzinkenverbindungen wurden im Rechenmodell als neue Kenngrößen eingeführt.

Die Versuchsreihen 2-1 bis 6-1 sollten im Wesentlichen dazu dienen, die Richtigkeit der hierfür verwendeten Regressionsmodelle zu überprüfen. Anhand der Ergebnisse der Reihen 2-2, 3-2 und 2-3 sollte die im Rechenmodell getroffene Annahme für die Interaktion von Zug- und Biegespannungen bei der Formulierung eines Versagenskriteriums in der Biegezugzone überprüft werden (siehe Abschnitt 2.3.2). Durch die Variation der Lamellenanzahl innerhalb der Längslagen sollte außerdem die Möglichkeit geschaffen werden, die mit Hilfe des Rechenmodells in Abhängigkeit des Lagenaufbaus ermittelten Systembeiwerte für die Biegefestigkeit anhand der Versuchsergebnisse abzusichern.

Tabelle 2-1   *Versuchsprogramm zur Ermittlung der Biegefestigkeit bei Beanspruchung in Plattenebene in Abhängigkeit des Lagenaufbaus*

Bezeichnung	Breite	Höhe	Dicke der Längslagen	Dicke der Querlagen	Anzahl
	in mm	in mm	in mm	in mm	-
2-1	100	150	2 x 40	20	10
3-1	160	150	3 x 40	2 x 20	10
4-1	200	150	4 x 40	2 x 20	10
6-1	300	150	6 x 40	3 x 20	10
2-2	100	300	2 x 40	20	10
3-2	160	300	3 x 40	2 x 20	10
2-3	100	300	2 x 40	20	10
2-1 FSH	87	150	2 x 33	21	16

2.1.2   Versuchsmaterial

Für die Herstellung der Prüfkörper wurde unsortiertes Brettmaterial aus europäischem Nadelschnittholz verwendet. Längs- und Querlagen waren bei allen Elementen rechtwinklig zueinander angeordnet. Die Verklebung der Bretter erfolgte mit einem Zweikomponenten-Klebstoff auf Melaminharzbasis. Vor dem Verkleben der Brettsperrholzelemente wurden, mit Ausnahme der Reihe 2-1 FSH, von allen für die Längslagen vorgesehenen Lamellen die Rohdichte und aus der Längsschwingung der dynamische Elastizitätsmodul ermittelt. Insgesamt wurden 273 Brettlamellen mit den Abmessungen 40 x 167 x 6000 mm sowie 84 Brettlamellen mit den Abmessungen 40 x 102 x 6000 mm untersucht. Bei einem Teil der 167 mm breiten Lamellen wurde zusätzlich die Ästigkeit ermittelt. Vor dem Verkleben der Elemente wurden die Brettlamellen in zwei Klassen nach dem dynamischen Elastizitätsmodul unterteilt:

Klasse 1: $E_{dyn} \geq 11.550$ N/mm²

Klasse 2: $E_{dyn} < 11.550$ N/mm²

Bei den Brettlamellen 40 x 102 mm handelte es sich um nordisches Holz. Der mittlere dynamische Elastizitätsmodul dieses Kollektivs lag mit 13.669 N/mm² deutlich über dem Mittelwert der 167 mm breiten Bretter mitteleuropäischer Herkunft ($E_{dyn,mean}$ = 11.638 N/mm²). Lediglich zehn der schmäleren Brettlamellen wiesen einen Elastizitätsmodul kleiner 11.550 N/mm² auf, weshalb bei diesem Kollektiv auf eine Unterteilung in zwei Klassen verzichtet wurde. Die mittlere Brettrohdichte wurde durch Wiegen der Lamellen ermittelt. Um später die Messwerte mit den simulierten Rohdichtekennwerten vergleichen zu können, wurde aus der Bruttorohdichte und dem Mittelwert der stichprobenartig gemessenen Holzfeuchte die mittlere Darrrohdichte der Bretter nach Gleichung (2-14) berechnet. Die Ermittlung der Ästigkeit erfolgte durch Abtragen aller Astmaße innerhalb 150 mm langer Abschnitte auf Pergamentpapier. Durch diese Vorgehensweise konnten später sowohl die Ästigkeiten für den Einzelast (DEB) und die Astansammlung (DAB) nach DIN 4074-1 [8] als auch der im Simulationsprogramm verwendete KAR-Wert (Knot Area Ratio) ermittelt werden. Bei den Prüfkörpern der Reihe 2-1 FSH wurde die Querlage durch eine 21 mm dicke, 7-lagige Furniersperrholzplatte aus Nadelholzfurnieren ersetzt. Die charakteristische Biegefestigkeit der Sperrholzplatte bei Beanspruchung in Plattenebene beträgt nach allgemeiner bauaufsichtlicher Zulassung Nr. Z-9.1-100 $f_{m,k}$= 32 N/mm² bezogen auf die Plattendicke. Der ebenfalls auf die Plattendicke bezogene Elastizitätsmodul $E_{0,mean}$ ist in der Zulassung mit 10.000 N/mm² angegeben. Aus dem Lagenaufbau der Platte ergibt sich der Anteil der quer zur Stabachse orientierten Furniere innerhalb der Platte zu 2/7 ≈ 29%. Da die Prüfkörper der Reihe 2-1 FSH unabhängig von den Prüfkörpern der restlichen Versuchsreihen von einem anderen Unternehmen hergestellt wurden, erfolgte vor dem Verkleben keine Ermittlung der Bretteigenschaften.

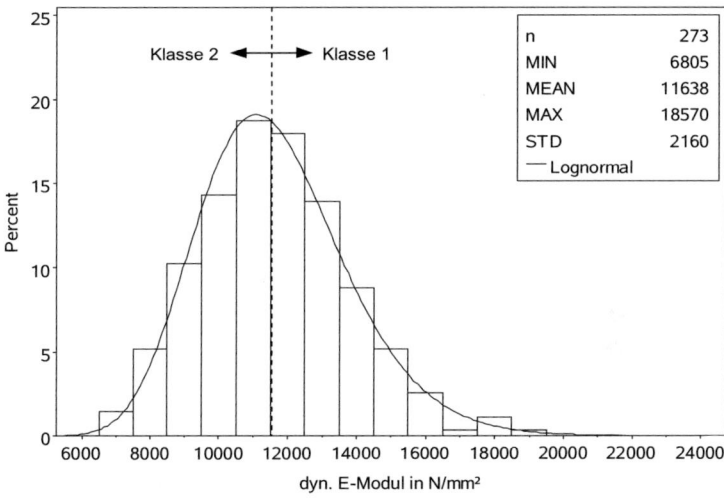

Bild 2-3 **Häufigkeitsverteilung des dynamischen Elastizitätsmoduls, Brettlamellen 40 x 167 mm**

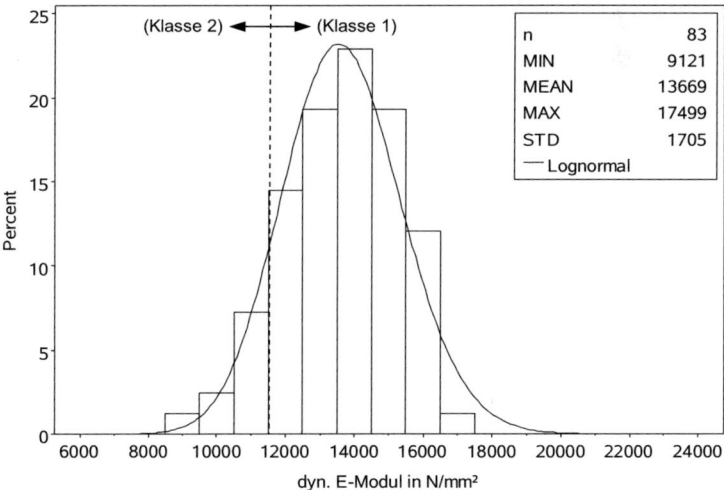

Bild 2-4 **Häufigkeitsverteilung des dynamischen Elastizitätsmoduls, Brettlamellen 40 x 102 mm**

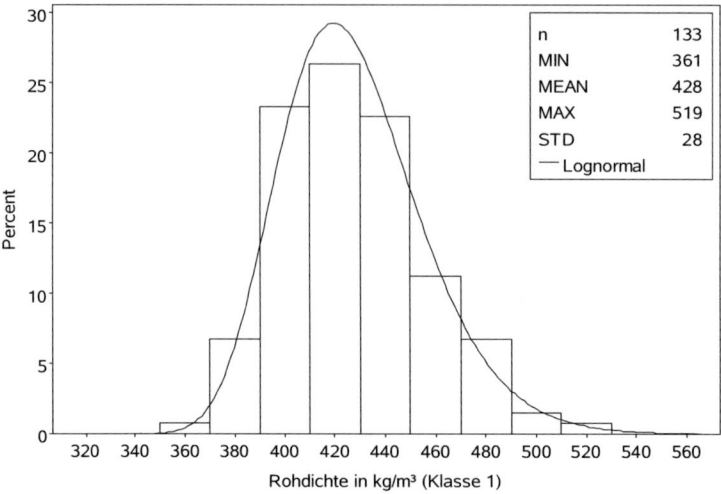

Bild 2-5   Häufigkeitsverteilung der Darrrohdichte, Brettlamellen 40 x 167 mm
(Klasse 1)

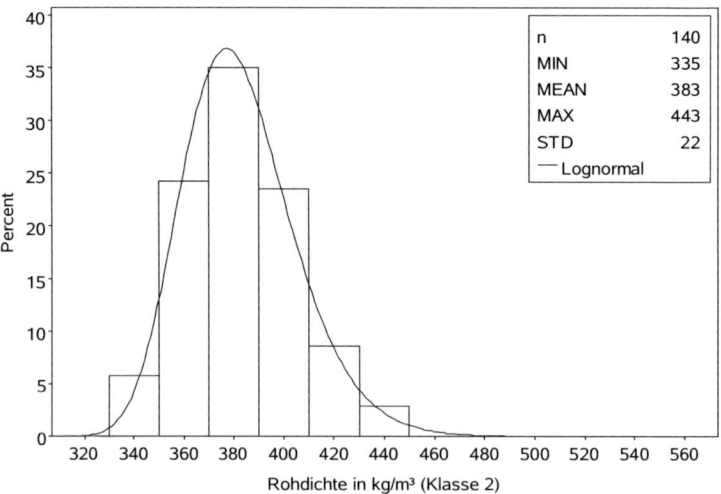

Bild 2-6   Häufigkeitsverteilung der Darrrohdichte, Brettlamellen 40 x 167 mm
(Klasse 2)

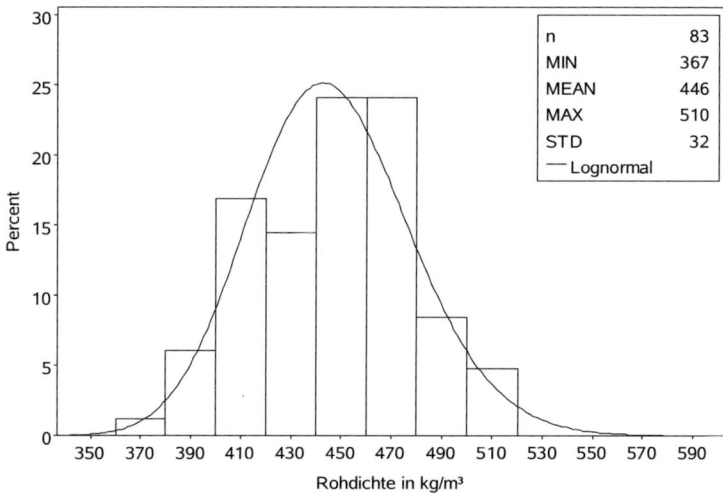

Bild 2-7   Häufigkeitsverteilung der Darrrohdichte, Brettlamellen 40 x 102 mm

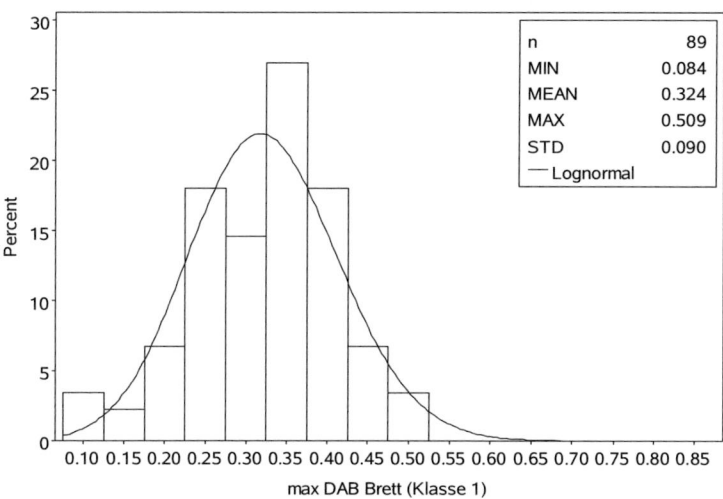

Bild 2-8   Häufigkeitsverteilung der Ästigkeit DAB, Brettlamellen 40 x 167 mm
(Klasse 1)

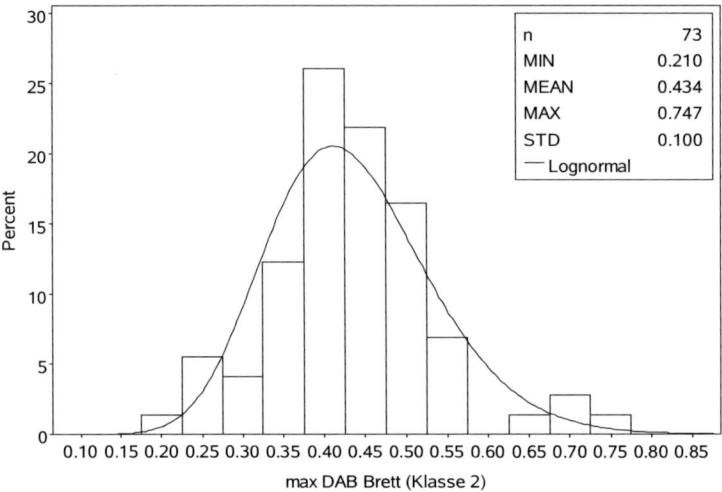

Bild 2-9   Häufigkeitsverteilung der Ästigkeit DAB, Brettlamellen 40 x 167 mm
(Klasse 2)

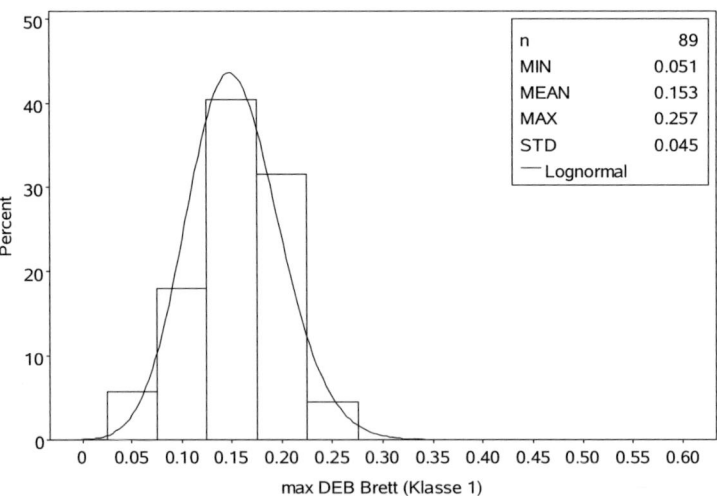

Bild 2-10   Häufigkeitsverteilung der Ästigkeit DEB, Brettlamellen 40 x 167 mm
(Klasse 1)

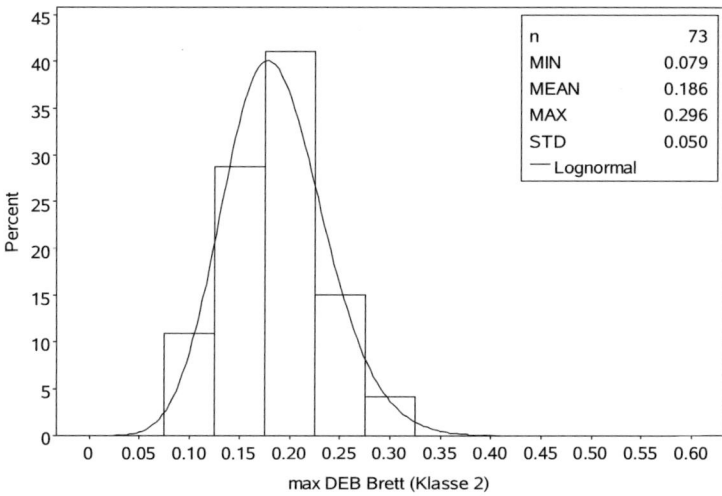

Bild 2-11   Häufigkeitsverteilung der Ästigkeit DEB, Brettlamellen 40 x 167 mm
(Klasse 2)

Nach der Auswertung der Ästigkeiten wurden die Brettlamellen nach
DIN 4074-1 visuell sortiert. Die Zuordnung zu den Sortierklassen ist in
Tabelle 2-2 angegeben.

Tabelle 2-2   Anzahl der untersuchten Brettlamellen und Zuordnung zu den
Sortierklassen nach DIN 4074-1

Klasse	Anzahl gesamt	Ästigkeit ermittelt	Sortierklasse nach DIN 4074-1		
			S7	S10	S13
1	133	88	2	34	52
2	140	73	14	47	12

Der Vergleich der Häufigkeitsverteilungen von Rohdichte und Ästigkeit
für die nach dem dynamischen Elastizitätsmodul sortierten Brettlamellen
zeigt, dass mit der gewählten Vorgehensweise das gesamte Brettkollek-
tiv erfolgreich in zwei Klassen unterschiedlicher Qualität aufgeteilt werden konnte. Der Vergleich mit der Zusammenstellung in Tabelle 2-2
zeigt auch die Unterschiede im Sortierergebnis bei maschineller Sortierung – hier stellvertretend durch die Klasseneinteilung nach dem dynamischen Elastizitätsmodul E_{dyn} – und visueller Sortierung, bei der die

Ästigkeit eines der wesentlichen Sortiermerkmale ist. Die Rohdichte, der dynamische Elastizitätsmodul und die nach DIN 4074-1 ermittelte Sortierklasse sowie die Positionen der einzelnen Lamellen innerhalb der Prüfkörper können Anlage 1 entnommen werden.

2.1.3   Versuchsdurchführung

Zur Ermittlung der Biegefestigkeit bei Beanspruchung in Plattenebene wurden Vierpunkt-Biegeversuche nach DIN EN 408 [9] durchgeführt. Die Stützweite betrug bei allen Versuchen das 18-fache der Trägerhöhe. Die Belastung erfolgte durch zwei Einzellasten in den Drittelspunkten der Spannweite. Zur Bestimmung des lokalen Biege-Elastizitätsmoduls wurde die Verformung in der Mitte des querkraftfreien Trägerabschnitts über einen Messbereich mit einer Länge von 5-mal der Trägerhöhe gemessen. Die Messung erfolgte in der neutralen Faser auf beiden Seiten der Prüfkörper mit Hilfe von induktiven Wegaufnehmern. Zur Ermittlung des globalen Biege-Elastizitätsmoduls wurden die Verformungen an der Trägeroberseite in der Mitte der Spannweite und über den Auflagerpunkten gemessen. Die gesamte Versuchsanordnung ist in Bild 2-12 dargestellt.

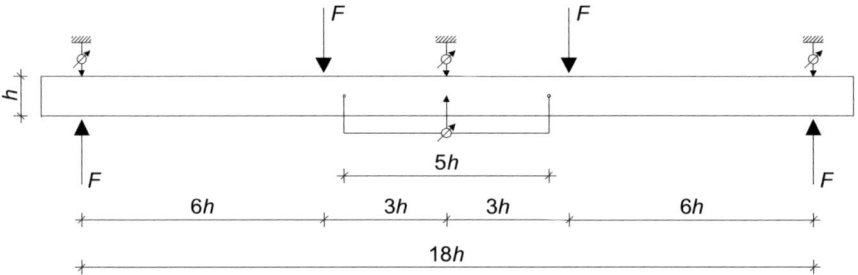

Bild 2-12   Versuchsanordnung zur Ermittlung der Biegefestigkeit und der Biegesteifigkeit von in Plattenebene beanspruchten Brettsperrholzträgern

Die Belastung wurde bis zu einer Last von 30% der geschätzten Höchstlast F_{est} kraftgesteuert mit einer konstanten Belastungsgeschwindigkeit von $0,2 \cdot F_{est}$ pro Minute aufgebracht. Oberhalb von $0,3 \cdot F_{est}$ bis zum Bruch wurde die Belastung weggesteuert mit konstanter Vorschubgeschwindigkeit aufgebracht. Bei allen Versuchen wurde die Geschwindigkeit des Belastungskolbens so gewählt, dass die geschätzte Höchstlast

F_{est} innerhalb von 300 s ± 120 s erreicht wurde. Soweit erforderlich, wurden die Prüfkörper gegen seitliches Ausweichen gesichert.

2.1.4   Versuchsergebnisse

Von den insgesamt 86 Prüfkörpern versagten 83 durch Biegebrüche zwischen den Lasteinleitungspunkten. Bei drei Prüfkörpern, zwei aus Reihe 2-2, einer aus Reihe 2-3, wurde das Versagen durch Erreichen der Schubfestigkeit in den Kreuzungsflächen zwischen Längs- und Querlagen ausgelöst. Von den insgesamt 252 Lamellen in der Biegezugzone der Prüfkörper trat bei 39 (15,5%) das Versagen innerhalb von Keilzinkenverbindungen auf. Bei den Lamellen der Klasse 1 betrug der Anteil der Keilzinkenbrüche 32/152 = 21,1%. Bei den Lamellen der Klasse 2 war der Anteil der Keilzinkenbrüche mit 7/152 = 4,6% deutlich geringer. Der insgesamt geringe Anteil der Keilzinkenbrüche deutet darauf hin, dass die Hochkantbiegefestigkeit und die Zugfestigkeit der Keilzinkenverbindungen im Vergleich mit den Festigkeiten der Bretter verhältnismäßig groß sind.

Aus der Höchstlast der einzelnen Versuche wurde die auf den Querschnitt der Längslagen bezogene Biegefestigkeit der Brettsperrholzträger nach Gleichung (2-1) berechnet. Die 5%-Quantile der Biegefestigkeit wurden für jede Versuchsreihe nach Klassen getrennt, unter der Annahme log-normalverteilter Werte geschätzt. Der auf den Querschnitt der Längslagen bezogene Elastizitätsmodul $E_{lok,net}$ wurde für den Abschnitt der Last-Verformungs-Kurve zwischen 10% und 40% der Höchstlast aus der Durchbiegung im querkraftfreien Bereich zwischen den Lasteinleitungspunkten nach Gleichung (2-2) berechnet.

$$f_{m,net} = \frac{M_{max}}{W_{net}} = \frac{36 \cdot F_{max}}{b_{net} \cdot h} \qquad (2\text{-}1)$$

$$E_{lok,net} = \frac{2}{16} \cdot \frac{(5h)^2}{I_{net}} \cdot \frac{\Delta M_{10-40}}{\Delta u_{10-40}} = \frac{225}{b_{net}} \cdot \frac{\Delta F_{10-40}}{\Delta u_{10-40}} \qquad (2\text{-}2)$$

In Tabelle 2-3 sind die in den acht durchgeführten Versuchsreihen ermittelten Biegefestigkeiten und Elastizitätsmoduln zusammengestellt.

Tabelle 2-3   *Ergebnisse der Versuche zur Ermittlung der Biegefestigkeit und des Elastizitätsmoduls von Brettsperrholzträgern*

Reihe	Klasse	Anzahl	$f_{m,net}$ in N/mm²				$E_{lok,net}$ in N/mm²		
			Q5	MIN	MEAN	MAX	MIN	MEAN	MAX
2-1	1	6	31,2	33,9	41,6	52,7	11100	12683	15050
	2	4	20,1	22,1	38,5	52,8	8340	9878	11200
3-1	1	6	36,7	39,1	46,4	54,5	11770	12835	13950
	2	4	30,0	32,0	36,0	41,0	10240	11430	12720
4-1	1	5	34,5	37,1	41,5	48,0	12220	13118	13780
	2	5	32,6	33,6	39,0	44,6	10280	11156	12410
6-1	1	5	37,8	37,9	46,2	52,2	11530	12830	13800
	2	5	29,9	31,6	36,5	43,5	9700	10260	10670
2-2	1	5	29,0	28,1	45,0	51,0	13000	15072	17190
	2	5	18,5	22,5	26,4	37,0	9600	9976	10230
3-2	1	5	33,0	34,2	37,5	41,0	12220	12856	14090
	2	5	21,9	24,1	27,8	32,2	9300	9654	10150
2-3	1	10	38,3	39,0	52,3	66,7	12920	15353	18160
2-1 FSH	(1)	16	39,8	41,9	57,3	90,4	13600	17996	20850

Q5   geschätztes 5%-Quantil einer Versuchsreihe

MIN   kleinster Wert einer Versuchsreihe

MEAN   Mittelwert einer Versuchsreihe

MAX   größter Wert einer Versuchsreihe

Die Ergebnisse aller Reihen zeigen sowohl bei den Mittelwerten als auch bei den 5%-Quantilen einen deutlichen Unterschied bei den erreichten Biegefestigkeiten der beiden Klassen. Bei den ermittelten 5%-Quantilen der Biegefestigkeit ist tendenziell auch ein Anstieg der Werte mit zunehmender Anzahl der Längslagen zu erkennen.

Die in Tabelle 2-3 angegebene Biegefestigkeit der Reihe 2-1 FSH wurde, wie bei den restlichen Reihen, auf den Querschnitt der Längslagen bezogen. Im Vergleich mit den Ergebnissen der Reihe 2-1, Klasse 1 ergibt sich ein um 38% größerer Mittelwert der Biegefestigkeit. Der deutlich größere Wert ist zu einem wesentlichen Anteil auf das Mitwirken der Furniersperrholzlage am Lastabtrag zurückzuführen. Wird bei der Ermittlung der Biegefestigkeit der Reihe 2-1 FSH die Dicke der in Stablängsrichtung orientierten Furnierlagen berücksichtigt, ergibt sich für die Reihe 2-1 FSH eine mittlere Biegefestigkeit von 46,7 N/mm², die nur noch 12,3% größer ist als bei der Reihe 2-1, Klasse 1.

Die Mittelwerte des Elastizitätsmoduls sind für die Klasse 1 bei den Reihen 2-1 bis 6-1 und 3-2 nahezu identisch. Die deutlich größeren Werte bei den Reihen 2-2 und 2-3 sind auf die sehr hohen Werte der für diese Prüfkörper verwendeten Lamellen zurückzuführen (siehe Tabelle A-5 und Tabelle A-7). Die Schwankungen bei den Prüfkörpern der Klasse 2 lassen sich ebenfalls anhand der Elastizitätsmoduln der einzelnen Lamellen erklären. Insgesamt deuten die Versuchsergebnisse darauf hin, dass der Elastizitätsmodul der Prüfkörper mit der Anzahl der Brettlagen annähernd konstant bleibt.

In Bild 2-13 bis Bild 2-17 sind die experimentell ermittelten Werte der Biegefestigkeit und der Elastizitätsmoduln aller Versuchsreihen grafisch dargestellt. Die Diagramme verdeutlichen nochmals die Unterschiede zwischen den beiden Klassen und die großen Unsicherheiten bei den geschätzten 5%-Quantilen, die an den großen Schwankungen zwischen den für die einzelnen Reihen ermittelten Werten erkennbar sind.

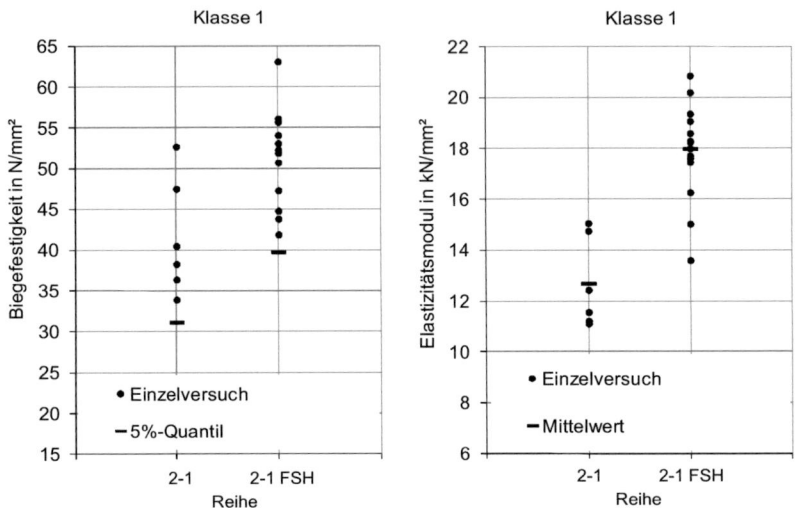

Bild 2-13 Biegefestigkeit (links) und Elastizitätsmodul (rechts) der Reihen 2-1
und 2-1 FSH bezogen auf die Dicke der Brettlamellen der Längslagen

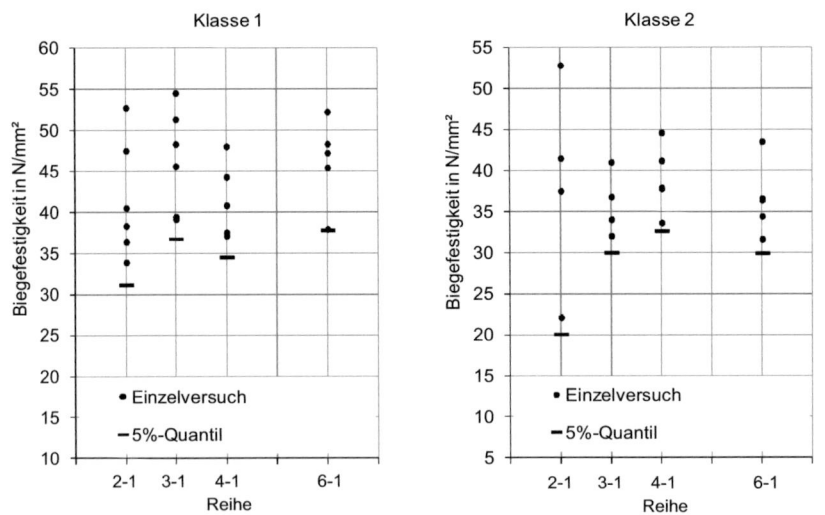

Bild 2-14 Biegefestigkeit der Reihen 2-1 bis 6-1 für Prüfkörper aus Brettlamellen
der Klasse 1 (links) und Brettlamellen der Klasse 2 (rechts)

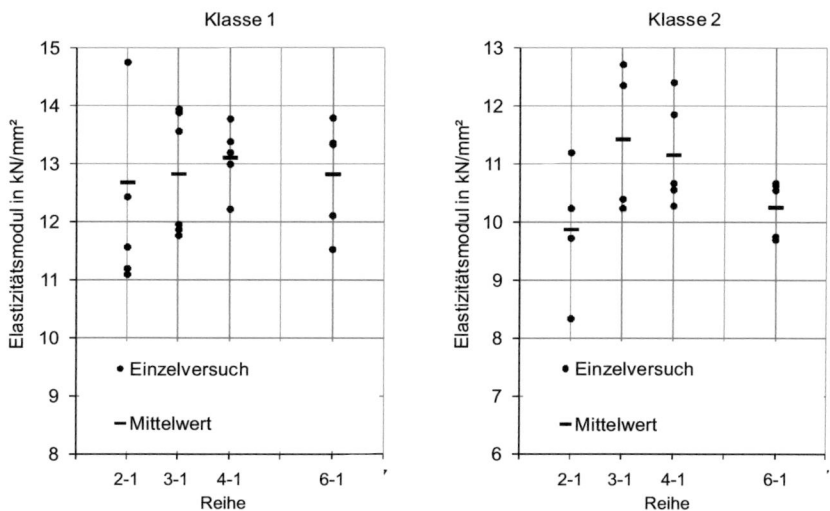

Bild 2-15   Elastizitätsmodul der Reihen 2-1 bis 6-1 für Prüfkörper aus Brettlamellen der Klasse 1 (links) und Brettlamellen der Klasse 2 (rechts)

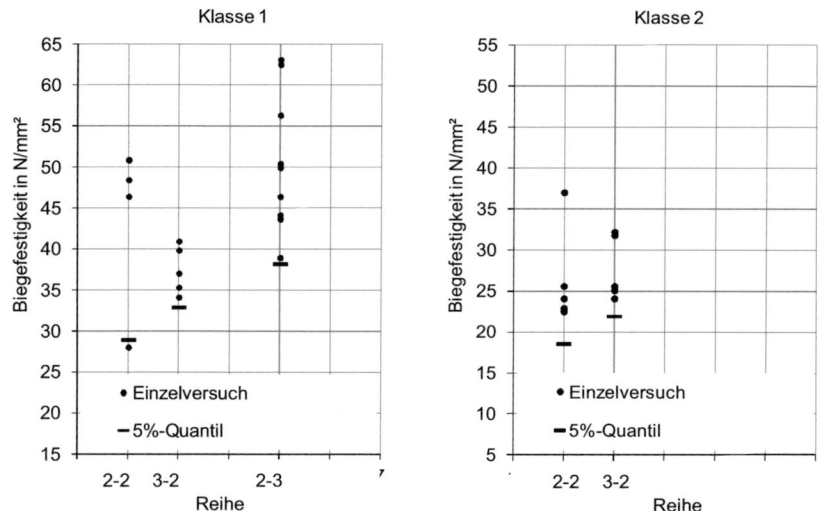

Bild 2-16   Biegefestigkeit der Reihen 2-2, 3-2 und 2-3 für Prüfkörper aus Brettlamellen der Klasse 1 (links) und Brettlamellen der Klasse 2 (rechts)

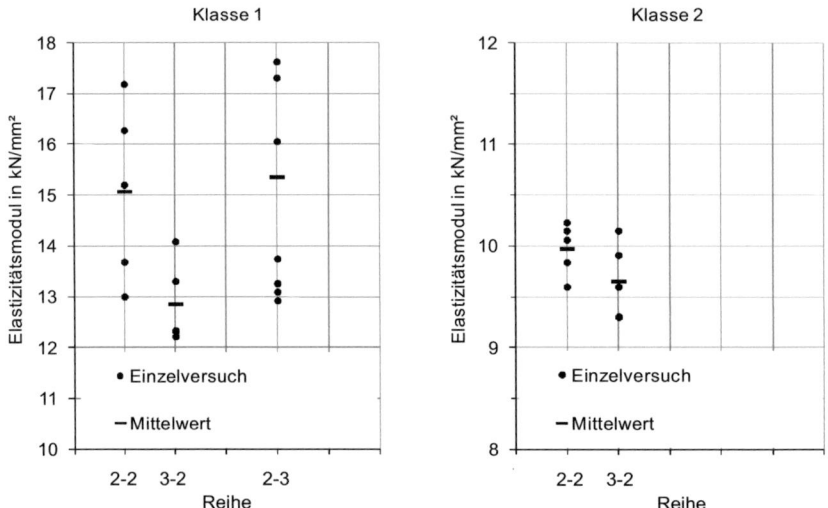

Bild 2-17   Elastizitätsmodul der Reihen 2-2, 3-2 und 2-3 für Prüfkörper aus Brett-
lamellen der Klasse 1 (links) und Brettlamellen der Klasse 2 (rechts)

2.1.5   Zusammenfassung

Zur Ermittlung der Biegefestigkeit von in Plattenebene beanspruchten Brettsperrholzträgern mit unterschiedlichem Lagenaufbau wurden 86 Biegeversuche nach DIN EN 408 durchgeführt. Da anhand der Versuchsergebnisse das in 2.2 beschriebenen Rechenmodell überprüft und validiert werden sollte, wurden vor der Versuchsdurchführung die mit den mechanischen Kenngrößen korrelierten Eigenschaften Rohdichte, Elastizitätsmodul und Ästigkeit der zur Herstellung der Prüfkörper verwendeten Brettlamellen ermittelt, um später Träger mit vergleichbaren Eigenschaften simulieren zu können.

Die Versuchsergebnisse bestätigen qualitativ den bereits in früheren Versuchen festgestellten Anstieg der charakteristischen Biegefestigkeit mit zunehmender Anzahl der am Lastabtrag beteiligten Brettlagen.

2.2   Rechenmodell

Die grundlegende Idee des Rechenmodells, die Tragfähigkeit von Bauteilen aus Brettschichtholz nicht durch Versuche, sondern mit Hilfe numerischer Simulationen zu ermitteln, entstand bereits Mitte der 1980er
Jahre am Lehrstuhl für Ingenieurholzbau und Baukonstruktionen und
wurde seither in verschiedenen Versionen zur Simulation der Festig-
keitseigenschaften von Brettschichtholz erfolgreich angewandt (siehe
z.B. Colling [4], Frese [5], Blaß et al. [6]).
Im Rahmen der vorliegenden Arbeit wurde das zur Simulation von Brettschichtholz entwickelte Rechenmodell erweitert und angepasst, um auch
die Simulation von Brettsperrholzträgern zu ermöglichen. In den folgenden Abschnitten sind die Änderungen und Ergänzungen gegenüber dem
Brettschichtholzmodell beschrieben. Die Funktionsweise und die theore-
tischen Grundlagen des Rechenmodells zur Simulation von Brettschichtholz wurden in der Vergangenheit bereits ausführlich beschrieben (Quellen s.o.). Im Folgenden ist die Beschreibung des Rechenmodells daher
auf die Teile begrenzt, die zum Verständnis der vorgenommenen Änderungen und Erweiterung erforderlich sind.
Das weiterentwickelte Rechenmodell besteht, wie die ursprüngliche
Version zur Simulation von Brettschichtholz, aus zwei wesentlichen Teilen: einem Programm zur Simulation der mechanischen Eigenschaften
kurzer Brettabschnitte mit Hilfe der Monte-Carlo-Methode unter Berücksichtigung wachstumsbedingter Streuungen der Bretteigenschaften und
einem FE-Modell, in dem die geometrischen und strukturellen Eigenschaften der simulierten Träger abgebildet werden. Mit Hilfe des Rechenmodells können Tragfähigkeitsversuche nach DIN EN 408 wie folgt
simuliert werden: Zunächst werden im Simulationsprogramm der Elastizitätsmodul sowie die Zug-, Druck- und Biegefestigkeit für 150 mm lange
Brettabschnitte (Zellen) generiert. Nach dem Erstellen des FE-Modells
werden die generierten Elastizitätsmoduln der Brettabschnitte den Elementen des FE-Modells zugewiesen. Zur Simulation von Vierpunkt-
Biegeversuchen wird dann im FE-Modell schrittweise eine Verschiebung
aufgebracht. Für jeden Lastschritt werden die in den einzelnen Brettabschnitten auftretenden Spannungen berechnet und mit den im Simulationsprogramm generierten Festigkeitskennwerten verglichen. Erreicht die

Spannung in einem Brettabschnitt den simulierten Festigkeitskennwert, so ist das Versagenskriterium für diese Zelle erreicht und die Zelle fällt aus. Dies wird im FE-Modell durch Multiplikation der Steifigkeitsmatrix der entsprechenden FE-Elemente mit einem Faktor << 1 abgebildet. Durch dieses Vorgehen wird sichergestellt, dass in weiteren Lastschritten in den ausgefallenen FE-Elementen die Spannungen $\sigma_{ij} \approx 0$ sind. In weiteren Lastschritten wird die aufgebrachte Verschiebung solange erhöht, bis das Gesamtsystem kinematisch wird und damit das Versagen des Trägers erreicht ist. Aus der größten aufgebrachten Last wird dann die Biegefestigkeit des simulierten Träger berechnet.

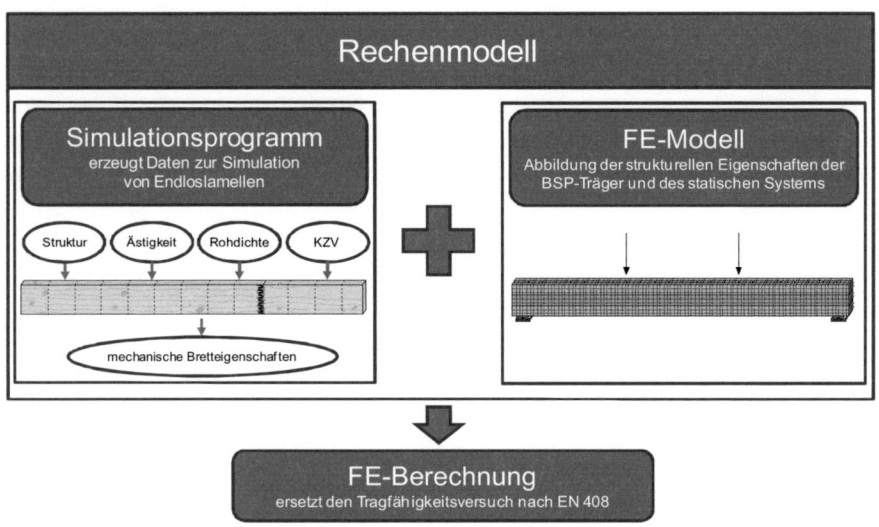

Bild 2-18   schematischer Aufbau des Rechenmodells

2.2.1   Simulationsprogramm

Die Grundlage für die Simulation der Festigkeits- und Steifigkeitskennwerte bilden experimentell ermittelte Häufigkeitsverteilungen der mit den mechanischen Kenngrößen korrelierten Bretteigenschaften Rohdichte und Ästigkeit und der mechanischen Kenngrößen selbst, sowie Regressionsgleichungen, die den Zusammenhang zwischen den festigkeitsrelevanten Eigenschaften und den zu generierenden Festigkeits- und Steifigkeitskennwerten beschreiben.

Um die Streuung der mechanischen Kenngrößen innerhalb einzelner Bretter bei der Simulation berücksichtigen zu können, werden die Bretter zunächst in 150 mm lange Abschnitte – sogenannte Zellen – unterteilt. Innerhalb dieser Zellen werden die mechanischen Eigenschaften als konstant angenommen. Die Festigkeits- und Steifigkeitseigenschaften der Zellen innerhalb eines Brettes sind statistisch gesehen nicht unabhängig voneinander, d.h. dass in der Realität sowohl „gute" Bretter mit in der Tendenz hohen Festigkeits-/Steifigkeitskennwerten in allen Zellen als auch „schlechte" Bretter mit tendenziell niedrigen Kennwerten vorkommen. Um „gute" und „schlechte" Bretter simulieren zu können, ist es erforderlich, die Autokorrelation der mechanischen Kenngrößen innerhalb einzelner Bretter zu berücksichtigen. Dies geschieht durch die Aufteilung der zu einer Regressionsgleichung gehörenden Reststreuung in einen Abstand Δ_{Brett} des auf ein Brett bezogenen Mittelwertes vom Vorhersagewert und eine Reststreuung s_R innerhalb eines Brettes.

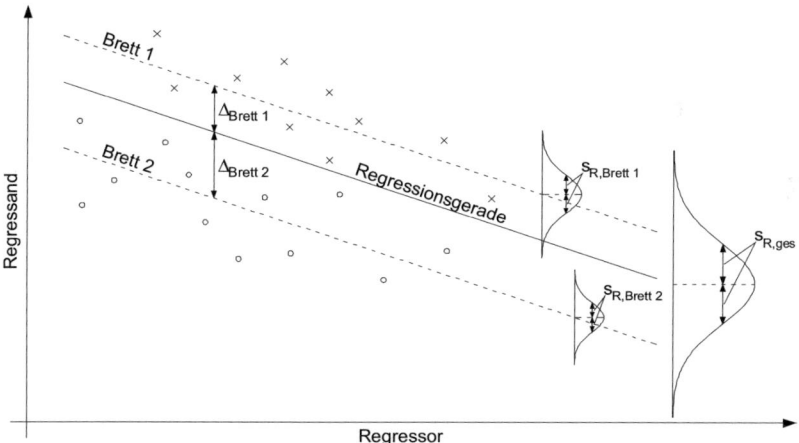

Bild 2-19   Aufteilung der Reststreuung nach Colling [4]

Mechanische Kenngrößen im Brettschichtholzmodell

Bei Brettschichtholzträgern mit flachkant auf Biegung beanspruchten Lamellen ist der veränderliche Anteil der Normalspannung $\sigma_{m,0,i}$ innerhalb der einzelnen Lamellen im Vergleich mit dem konstanten Anteil $\sigma_{n,0,i}$ gering. In den Randlamellen gilt:

$$\frac{\sigma_{m,0,i}}{\sigma_{n,0,i}} = \frac{1}{n-1} \qquad (2\text{-}3)$$

mit

$\sigma_{m,0,i}$ veränderlicher Anteil der Normalspannung innerhalb einer Lamelle

$\sigma_{n,0,i}$ konstanter Anteil der Normalspannung innerhalb einer Lamelle

n Anzahl der Lamellen im Träger

Zur Formulierung eines Versagenskriteriums im Brettschichtholzmodell kann daher in guter Näherung die Schwerpunktspannung der Lamellen herangezogen werden.

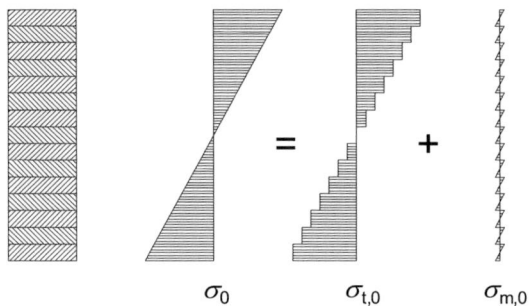

σ_0 $\qquad$ $\sigma_{t,0}$ $\qquad$ $\sigma_{m,0}$

Bild 2-20 Verteilung der Normalspannungen bei einem Brettschichtholzträger mit flachkant auf Biegung beanspruchten Lamellen

Im Hinblick auf das Rechenmodell bedeutet dies, dass für die Simulation von Lamellen für Brettschichtholzträger die mechanischen Kenngrößen für reine Zug- und Druckbeanspruchung der Lamellen in Faserrichtung ausreichen. Wird zusätzlich zwischen Brettabschnitten und Keilzinkenverbindungen (Index j) unterschieden, sind folgende Kenngrößen erforderlich:

Elastizitätsmodul bei Zugbeanspruchung $\qquad$ E_t und $E_{t,j}$

Elastizitätsmodul bei Druckbeanspruchung $\qquad$ E_c und $E_{c,j}$

Zugfestigkeit $\qquad$ f_t und $f_{t,j}$

Druckfestigkeit $\qquad$ f_c und $f_{c,j}$

Die Generierung dieser Kenngrößen im Simulationsprogramm erfolgt mit Hilfe der von Glos bzw. Ehlbeck et al. ermittelten Regressionsbeziehungen, die beispielsweise in [6] angegeben sind

Mechanische Kenngrößen im Brettsperrholzmodell

Bei in Plattenebene beanspruchten Brettsperrholzträgern ist die Lamellenbreite im Verhältnis zur Bauteilhöhe verhältnismäßig groß. Die Normalspannungen in den einzelnen Brettlamellen der Längslagen sind daher, im Gegensatz zu Brettschichtholz, nicht mehr annähernd konstant, d.h. die Ordinaten der Normalspannungen an den oberen und unteren Betträndern sind deutlich voneinander verschieden.

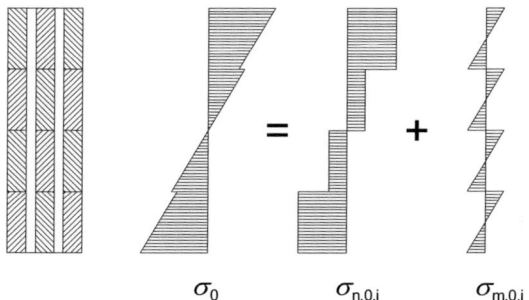

$$\sigma_0 \qquad\qquad \sigma_{n,0,i} \qquad\qquad \sigma_{m,0,i}$$

Bild 2-21   Verteilung der Normalspannungen bei einem in Plattenebene beanspruchten Brettsperrholzquerschnitt

Zur Formulierung eines spannungsbasierten Versagenskriteriums in der Zugzone ist daher die Zugfestigkeit der Lamellen allein nicht mehr ausreichend. Die Biegefestigkeit wird daher als weitere mechanische Kenngröße im Rechenmodell eingeführt.

Wird aus den mit Hilfe des FE-Modells berechneten Längsspannungen σ_0 ein über die Brettbreite konstanter Normalkraftanteil $\sigma_{n,0,i}$ sowie ein linear veränderlicher Biegeanteil $\sigma_{m,0,i}$ ermittelt, kann das Versagenskriterium für die Zugzone mit Hilfe einer linearen Interaktion von Biege- und Zugspannungen formuliert werden:

$$\frac{\sigma_{n,0,i}}{f_t} + \frac{\sigma_{m,0,i}}{f_m} = 1 \qquad\qquad (2\text{-}4)$$

Bei rechtwinklig zur Plattenebene beanspruchten Brettsperrholzträgern kann das Versagenskriterium für die Zugzone, wie bei Brettschichtholz mit flachkant auf Biegung beanspruchten Lamellen, in guter Näherung unter Verwendung der Zugfestigkeit formuliert werden. In den Querlagen treten jedoch bei Beanspruchung rechtwinklig zur Plattenebene Roll-schubspannungen auf, die zu einem Versagen in den Querlagen führen können. Zur Simulation der Biegefestigkeit bei Beanspruchung recht-winklig zur Plattenebene ist daher die Einführung der Rollschubfestigkeit als weitere mechanische Kenngröße erforderlich (siehe Abschnitt 2.2.7).

2.2.2   Finite-Elemente Programm

Abbildung der strukturellen Eigenschaften

Das FE-Strukturmodell wird dazu verwendet, die unter der aufgebrach-ten Verschiebung in den einzelnen Brettabschnitten auftretenden Längs-spannungen zu ermitteln. Hierfür müssen die einzelnen Brettlamellen sowie die Verbindungen in den Kreuzungsflächen möglichst zutreffend abgebildet werden. Um die Verschiebungen in Richtung der Bauteildicke durch das Modell erfassen zu können, wurde ein dreidimensionales Modell gewählt. Die Lage der notwendigen Knoten im 3D-Modell ist zunächst durch die Eckpunkte der Kreuzungsflächen zwischen den Bret-tern der Längs- und Querlagen vorgegeben. Zur Übertragung der im Simulationsprogramm erzeugten mechanischen Bretteigenschaften auf die FE-Elemente ist darüber hinaus in Faserrichtung der Bretter eine Unterteilung im Abstand von 150 mm erforderlich (Bild 2-22).
Bei Brettsperrholz sind die Brettlamellen innerhalb der einzelnen Lagen an den Schmalseiten in der Regel nicht miteinander verbunden. Die Verbindung zwischen den Brettern einer Lage erfolgt daher indirekt über die Kreuzungsflächen mit den Brettern rechtwinklig angeordneter, be-nachbarter Lagen. Um diese strukturelle Eigenschaft im FE-Modell ab-bilden zu können, müssen in den Kreuzungsflächen zusätzliche Elemen-te angeordnet werden, um eine Kopplung der koinzidenten Knoten be-nachbarter Bretter einer Lage auszuschließen. Zwischen benachbarten Längs- und Querlagen wird daher eine Schicht eingeführt, die aus ein-zelnen, nicht miteinander verbundenen FE-Elementen mit den Abmes-sungen der Kreuzungsflächen besteht (Bild 2-23).

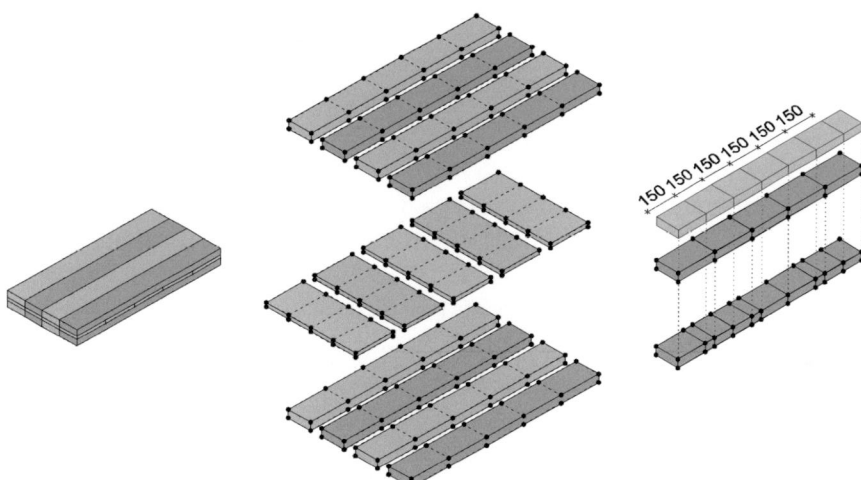

Bild 2-22 Lage der notwendigen Knoten am Beispiel eines dreilagigen
Brettsperrholzelementes, links: Brettsperrholzelement mit zwei Längs-
und einer Querlagen, Mitte: notwendige Knoten in den Eckpunkten
der Kreuzungsflächen, rechts: notwendige Knoten zur Unterteilung
der Lamellen in Zellen mit einer Länge von 150 mm

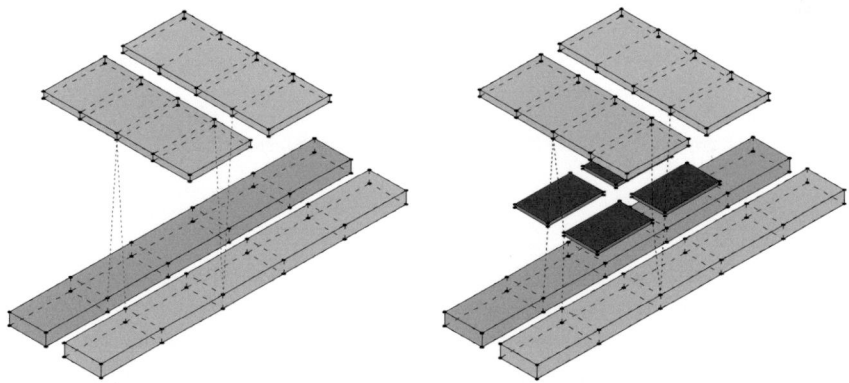

Bild 2-23 links: ohne Zwischenlage; durch die Verbindung mit den Knoten be-
nachbarter Lagen werden auch die Bretter innerhalb einer Lage miteinander gekoppelt, rechts: mit Zwischenlage; keine Kopplung der Knoten von Brettern einer Lage, die Bretter innerhalb einer Lage bleiben
gegeneinander verschieblich

FE-Elemente

Die Bretter der Längs- und Querlagen werden mit Hilfe von Volumen-elementen abgebildet, die durch acht Knoten mit jeweils drei Freiheits-graden (Verschiebungen in x-, y- und z-Richtung) definiert sind. Für die Elementformulierung wurde ein reiner Verschiebungsansatz gewählt. Zur Vermeidung von Shearlocking-Effekten wurde eine Elementformulierung gewählt, bei der programmintern neun inkompatible Verschiebungen im Element eingeführt werden (siehe ANSYS, *simplified enhanced strain formulation*). Alle Integrationen werden vollständig mit 2 x 2 x 2 = 8 In-tegrationspunkten ausgeführt. Die Gaußpunkte liegen an den Stellen $\pm 1/\sqrt{3}$ und werden jeweils mit dem Faktor 1,0 gewichtet.

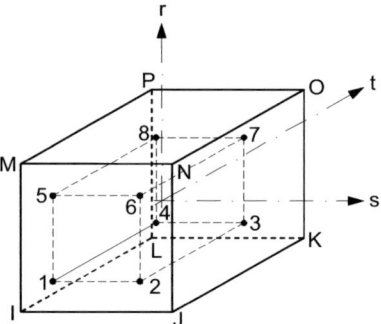

Bild 2-24   *Lage der Knoten (I bis P) und der Integrationspunkte (1 bis 8) bei dem verwendeten 3-D-Volumenelement mit 8 Knoten*

Diskretisierung

Da bei der Simulation der Biegefestigkeit von in Plattenebene auf Bie-gung beanspruchten Trägern aus Brettsperrholz die in den Lamellen der Längslagen auftretenden Spannungen in Faserrichtung zur Formulierung des Versagenskriteriums in der Zugzone und der Fließbedingung in der Druckzone verwendet werden, muss die FE-Berechnung insbesondere für diese Spannungen zutreffende Ergebnisse liefern. In der Regel steigt die Genauigkeit einer FE-Berechnung mit der Anzahl der FE-Elemente im Modell. Mit zunehmender Anzahl der Freiheitsgrade im System steigt jedoch auch der Rechenaufwand. Da zur Ermittlung der 5%-Quantile der Biegefestigkeit jeweils mehrere hundert Träger simuliert werden, ist es erforderlich, die Rechenzeiten so gering wie möglich zu halten. Zur Ermittlung einer Netzfeinheit, die zu hinreichend genauen Ergebnissen führt, wurden daher vergleichende Berechnungen mit Einzelbrettern und mit Brettsperrholzträgern mit zwei Längslagen und vier Brettlamellen je Längslage durchgeführt. Das statische System und die Belastung wurden analog dem Vierpunkt-Biegeversuch nach DIN EN 408 mit einer Stützweite von 18-mal der Trägerhöhe und Einzellasten in den Drittelspunkten der Stützweite gewählt, da dasselbe System auch für die Simulation der Biegefestigkeit verwendet wird.

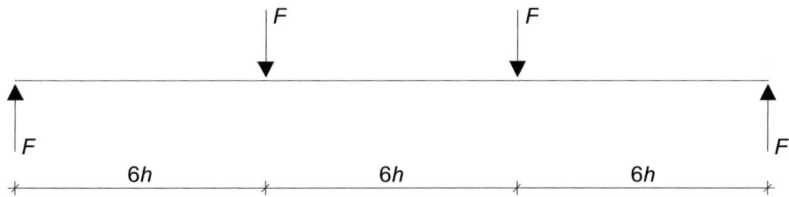

Bild 2-25   statisches System für die Vergleichsrechnungen zur Netzfeinheit

Die durchgeführten Vergleichsrechnungen mit einzelnen Brettern und Brettsperrholzquerschnitten mit zwei Längslagen sowie vier Lamellen je Längslage zeigen, dass für die 8-Knoten-Volumenelemente, in Verbindung mit den gewählten Ansatzfunktionen, die in den Elementknoten berechneten Ergebnisse der FE-Lösung bei einer Vernetzung mit einem Element in Richtung der Brettbreite am besten mit der analytischen Lösung übereinstimmen. In Tabelle 2-4 sind die mit Hilfe einer FE-Berechnung ermittelten standardisierten Spannungen und Verformungen am unteren Querschnittsrand in Feldmitte in Abhängigkeit von der Netzfeinheit angegeben. Zum Vergleich wurden die Ergebnisse einer analytischen Berechnung unter Berücksichtigung der Schubverformungen (Timoshenko-Balken) bzw. die mit Hilfe des in Abschnitt 1 beschriebenen Gittermodells ermittelten Ergebnissen gegenübergestellt.

Tabelle 2-4   *Standardisierte Biegerandspannungen und Durchbiegungen der untersuchten Einfeldsysteme in Abhängigkeit der Netzfeinheit*

Querschnitt	Elemente in Richtung der Brettbreite	Normalspannung am unteren Rand	Durchbiegung in Feldmitte
	analytisch	1	$1^{1)}$
	1	1,004	0,997
	2	1,014	1,003
	4	1,013	1,014
	10	1,017	1,024
	analytisch	1	$1^{1), 2)}$
	1	1,000	1,032
	2	0,992	1,032
	4	0,989	1,049

[1] Ergebnisse für den Timoshenko Balken

[2] am ebenen Gittermodell (s. Abschnitt 1) ermittelte Ergebnisse

Elastizitätskonstanten

Die elastomechanischen Eigenschaften der Bretter werden im FE-Modell durch ein orthotropes Materialmodell abgebildet. Zur Formulierung des Materialgesetzes nach Gleichung (2-5) sind dann neun unabhängige Elastizitätskonstanten erforderlich. Im Einzelnen sind dies

- die Elastizitätsmoduln in den drei Vorzugsrichtungen, d.h. in Faserrichtung sowie in radialer und tangentialer Richtung,

- drei Schubmoduln, zweimal für Schub in Faserrichtung und einmal für Rollschub,

- sowie drei Querdehnzahlen, durch die die Dehnungen in den unterschiedlichen Richtungen miteinander verknüpft sind.

$$
\begin{bmatrix} \sigma_x \\ \sigma_y \\ \sigma_z \\ \tau_{xy} \\ \tau_{yz} \\ \tau_{xz} \end{bmatrix} = \begin{bmatrix} E_x & -\dfrac{E_x}{\nu_{xy}} & -\dfrac{E_x}{\nu_{xz}} & 0 & 0 & 0 \\[2ex] -\dfrac{E_y}{\nu_{yx}} & E_y & -\dfrac{E_y}{\nu_{yz}} & 0 & 0 & 0 \\[2ex] -\dfrac{E_z}{\nu_{zx}} & -\dfrac{E_z}{\nu_{zy}} & E_z & 0 & 0 & 0 \\[2ex] 0 & 0 & 0 & G_{xy} & 0 & 0 \\[2ex] 0 & 0 & 0 & 0 & G_{yz} & 0 \\[2ex] 0 & 0 & 0 & 0 & 0 & G_{xz} \end{bmatrix} \cdot \begin{bmatrix} \varepsilon_x \\ \varepsilon_y \\ \varepsilon_z \\ 2\varepsilon_{xy} \\ 2\varepsilon_{yz} \\ 2\varepsilon_{xz} \end{bmatrix}
\qquad (2\text{-}5)
$$

Von den neun Elastizitätskonstanten hat der Elastizitätsmodul in Faser-richtung mit Abstand den größten Einfluss auf die Spannungen in Faser-richtung, die bei der Simulation der Biegefestigkeit ausgewertet werden. Da in den simulierten Biegeträgern die in den Brettlamellen auftretenden Spannungen rechtwinklig zur Faserrichtung um mindestens eine Grö-ßenordnung kleiner sind als die Spannungen in Faserrichtung, ist der Einfluss der Querdehnzahlen und der Elastizitätsmoduln rechtwinklig zur Faserrichtung auf die Spannungen in Faserrichtung sehr gering. Wäh-rend der Elastizitätsmodul parallel zur Faserrichtung wegen seines un-mittelbaren Einflusses auf die Längsspannungen und wegen der Korrela-tion mit den Festigkeiten in Faserrichtung mit Hilfe von Regressionsglei-chungen im Simulationsprogramm wirklichkeitsnah generiert wird, ge-nügt für die restlichen Elastizitätskonstanten eine Abschätzung anhand von in der Literatur angegebenen Werten. In Tabelle 2-5 und Tabelle 2-6 sind die Elastizitätskonstanten aus verschiedenen Quellen angegeben. Die Zusammenstellung ist keinesfalls als vollständige Übersicht anzuse-hen, sondern soll vielmehr die großen Streuungen der Kennwerte veran-schaulichen, die beim Festlegen konkreter Rechenwerte zu deutlich unterschiedlichen Ergebnissen führen können.

Tabelle 2-5   Elastizitäts- und Schubmoduln von Fichtenholz in N/mm²

	E_L	E_R	E_T	G_{LT}	G_{LR}	G_{RT}
Neuhaus	12048	818	420	744	623	42
Hörig	16233	699	400	629	775	37
Wommelsdorf	11287	980	429			
DIN 1052 (C24)	11000		370		690	69

Tabelle 2-6   Querdehnzahlen von Fichtenholz

	v_{LR} [1]	v_{LT}	v_{RT}	v_{TR}	v_{RL}	v_{TL}
Neuhaus	0,410	0,554	0,599	0,311	0,055	0,035
Hörig	0,430	0,530	0,420	0,240	0,019	0,013
Wommelsdorf	0,447	0,561	0,586	0,260	0,049	0,028

[1] Der 1. Index bezeichnet die Richtung der einwirkenden Spannung.
Der 2. Index bezeichnet die Richtung der Querdehnung.
L = longitudinal, R = radial, T = tangential

Neben der Anforderung, die physikalischen Eigenschaften möglichst zutreffend abzubilden, ergeben sich aus dem Elastizitätsgesetz und der FE-Formulierung weitere Bedingungen, denen die Elastizitätskonstanten genügen müssen. Aus der geforderten Symmetrie der Steifigkeitsmatrix ergeben sich die Bedingungen nach Gleichung (2-6).

$$\frac{E_y}{v_{yx}} = \frac{E_x}{v_{xy}} \quad \text{und} \quad \frac{E_z}{v_{zx}} = \frac{E_x}{v_{xz}} \quad \text{und} \quad \frac{E_z}{v_{zy}} = \frac{E_y}{v_{yz}} \tag{2-6}$$

Die Steifigkeitsmatrix muss zudem positiv definit sein. Das ist der Fall wenn die Bedingung nach Gleichung (2-7) eingehalten ist:

$$1 - (v_{xy})^2 \frac{E_y}{E_x} - (v_{yz})^2 \frac{E_z}{E_y} - (v_{xz})^2 \frac{E_z}{E_x} - 2 v_{xy} v_{yz} v_{xz} \frac{E_z}{E_x} > 0 \tag{2-7}$$

Anhand der oben angegeben Werte und den Bedingungen nach den Gleichungen (2-6) und (2-7) wurden für das Rechenmodell die in Tabelle 2-7 angegebenen Elastizitätskonstanten festgelegt. Da bei dem verwendeten orthotropen Materialgesetz nicht zwischen radialer und tangentialer Richtung unterschieden wird, reduziert sich die Anzahl der Elastizitäts- und Schubmoduln auf jeweils zwei.

Tabelle 2-7   *Im Rechenmodell verwendete Elastizitätskonstanten*

E_0	E_{90}	G	G_R	$v_{0,90}$	$v_{90,90}$	$v_{90,0}$
sim[1]	$E_0 / 20$	$E_0 / 16$	$E_0 / 160$	0,480	0,420	0,024

[1] Der Elastizitätsmodul in Faserrichtung wird im Simulationsprogramm mit Hilfe der Monte-Carlo-Methode erzeugt.

Spannungs-Dehnungs-Beziehungen

In der Zugzone wurde ein linear-elastisches Materialgesetz bis zum Erreichen des Versagenskriteriums verwendet. Die Druckzone wurde durch Elemente mit elastisch ideal-plastischem Stoffgesetz und Fließbedingung nach v. Mises abgebildet. Da mit Ausnahme der Lasteinleitungsbereiche die in den Lamellen auftretenden Spannungen rechtwinklig zur Faserrichtung vernachlässigbar klein sind, kann mit hinreichender Genauigkeit die Druckfestigkeit in Faserrichtung als Fließgrenze verwendet werden. Das in Versuchen beobachtete Abfallen der Druckspannung nach dem Erreichen der Höchstlast wird im Materialmodell nicht berücksichtigt.

Nachgiebigkeit der Kreuzungsflächen

Bei gegebener Netzfeinheit kann durch gezieltes Anpassen der Elastizitätskonstanten der Zwischenschicht die Steifigkeit der Verbindungen in den Kreuzungsflächen anhand experimentell ermittelter Werte kalibriert werden. Blaß und Görlacher [7] haben zur Ermittlung der Torsionssteifigkeit der Klebefugen von kreuzweise miteinander verklebten Brettern Versuche mit einzelnen, durch Torsionsmomente beanspruchten Kreuzungsflächen durchgeführt. Dabei wurde ein Bettungsmodul von 5 N/mm³ ermittelt. Traetta et al. [10] haben in Versuchen mit in Plattenebene beanspruchten Brettsperrholzelementen einen effektiven Schubmodul von 230 N/mm² bezogen auf die Elementdicke ermittelt. Unter Berücksichtigung der Prüfkörpergeometrie kann mit diesem Wert die Torsionssteifigkeit der Kreuzungsflächen berechnet werden. Werden dabei die Schubverformungen in den Brettern selbst vernachlässigt ($G \to \infty$) ergibt sich ein Bettungsmodul von 11,1 N/mm³ für die Klebefugen in den Kreuzungsflächen.

Bei den mit Hilfe des Rechenmodells simulierten Biegeträgern mit einer Stützweite von 18-mal der Trägerhöhe hat die Nachgiebigkeit der Kreuzungsflächen nahezu keinen Einfluss auf die Biegerandspannungen in den Längslagen. In unmittelbarer Umgebung der Lasteinleitungsstellen sind bei einem Bettungsmodul von 5 N/mm³ die Biegerandspannungen bei Querschnitten mit drei Lamellen je Längslage um 3%, bei Querschnitten mit acht Lamellen je Längslage um 10% größer als bei starrem Verbund der Lamellen. Für einen Bettungsmodul von 10 N/mm³ ergeben sich nur geringfügig kleinere Werte für die Randspannungen im Bereich der Lasteinleitungsstellen, die für die genannten Querschnitte zwischen 2% und 8% über den Randspannungen bei starrem Verbund liegen. Für das Rechenmodell zur Simulation der Biegefestigkeit wurde konservativ die Steifigkeit der Klebefugen mit einem Bettungsmodul von 5 N/mm² ermittelt.

Die Kalibrierung der Elastizitätskonstanten für die Elemente der Zwischenschichten erfolgte am FE-Modell einer einzelnen Kreuzungsfläche.

 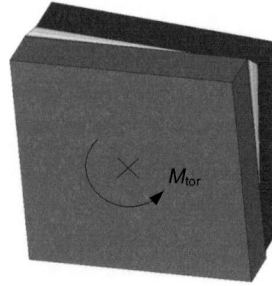

Bild 2-26   links: Für die Kalibrierung der Elastizitätskonstanten der Zwischenschicht verwendetes Modell (Brettelemente: dunkelgrau, Zwischenschicht: hellgrau); rechts: Verzerrung der Zwischenschicht bei Einwirkung eines Torsionsmomentes

Zur Überprüfung der FE-Berechnung wurde der Schubmodul der Zwischenschicht durch die nachfolgend beschriebene analytische Berechnung ermittelt:

Die durch ein Torsionsmoment M_T verursachte Verdrehung eines Stabes der Länge t kann nach Gleichung (2-8), die gegenseitige Verdrehung zweier torsionsweich miteinander gekoppelter Scheiben nach Gleichung (2-9) berechnet werden.

$$\gamma = \frac{M_T \cdot t}{G \cdot I_T} \qquad \text{mit} \quad G \quad \text{Schubmodul des Stabes} \qquad (2\text{-}8)$$

$$I_T \quad \text{Torsionsflächenmoment 2. Grades}$$

$$\gamma = \frac{M_T}{K \cdot I_p} \qquad \text{mit} \quad K \quad \text{Bettungsmodul der Kopplung in N / mm}^3 \qquad (2\text{-}9)$$

$$I_p \quad \text{polares Flächenträgheitsmoment in mm}^4$$

Durch Gleichsetzen erhält man:

$$\frac{G \cdot I_T}{t} = K \cdot I_p \qquad (2\text{-}10)$$

Für quadratische Flächen kann damit der äquivalente Schubmodul G_{eq} in Abhängigkeit der Schichtdicke t angegeben werden als:

$$G_{eq} = \frac{K}{6 \cdot 0{,}14} \cdot t$$

Für einen Bettungsmodul von 5 N/mm³ ergibt sich damit, bei einer Zwischenschichtdicke von 5 mm, ein äquivalenter Schubmodul von 29,8 N/mm². Mit Hilfe des Referenzmodells wurde für die gleiche Zwischenschichtdicke ein etwas kleinerer äquivalenter Schubmodul von 25 N/mm² bestimmt.

Der Vergleich der äquivalenten Schubmoduln zeigt, dass im FE-Modell die Schubsteifigkeit der Zwischenschicht, bei der gegebenen Vernetzung und den gewählten Elementansätzen, gegenüber der analytischen Lösung überschätzt wird, sodass ein ca. 20% kleinerer Schubmodul zu einer gleich großen Drehfedersteifigkeit einer Kreuzungsfläche führt. Der Elastizitätsmodul E_z der Zwischenschicht in Richtung der Zwischenschichtdicke hat nahezu keinen Einfluss auf die Spannungen in den Brettlamellen der Längslagen und wurde mit 100 N/mm² festgelegt. Die Elastizitätsmoduln in der Ebene der Zwischenschicht wurden sehr klein gewählt, um sicherzustellen, dass die Elemente der Zwischenschicht die Dehnungen in den angrenzenden Brettlamellen nicht behindern und dadurch die Spannungen in Trägerlängsrichtung beeinflussen.

Tabelle 2-8   Elastizitätskonstanten der Elemente der Zwischenschichten

E_x = 0,1 N/mm²	E_y = 0,1 N/mm²	E_z = 100 N/mm²
G_{xy} = 25 N/mm²	G_{yz} = 25 N/mm²	G_{xz} = 25 N/mm²
v_{xy} = 0,01	v_{yz} = 0,01	v_{xz} = 0,01

2.2.3   Simulation der Hochkantbiegefestigkeit von Brettlamellen

In einem ersten Ansatz wurde die Hochkantbiegefestigkeit der Brettabschnitte unter Verwendung einer von Isaksson [11] ermittelten Regressionsgleichung simuliert. Isaksson führte umfangreiche Versuchsreihen zur Ermittlung der Hochkantbiegefestigkeit von Nadelschnittholz durch, wobei der von ihm verwendete Versuchsaufbau die Prüfung mehrerer kurzer Abschnitte innerhalb einzelner Bretter ermöglichte (s. Bild 2-27). Die gesamte Streuung der ermittelten Biegefestigkeiten konnte daher, wie auch bei den im Rechenmodell verwendeten Regressionsmodellen für den Zug-Elastizitätsmodul und die Zugfestigkeit, in einen Anteil innerhalb eines Brettes und eine Reststreuung aufgeteilt werden. Durch diese Zerlegung der Residuen ist es möglich, die Autokorrelation der Biegefestigkeiten innerhalb einzelner Bretter im Modell angemessen zu berücksichtigen.

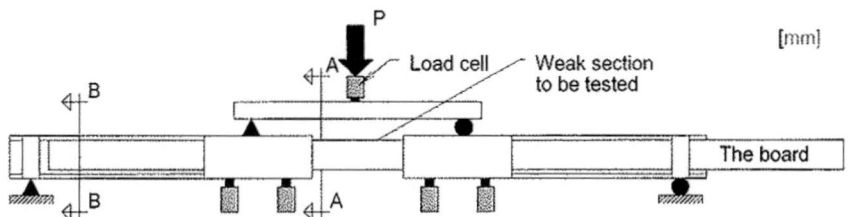

*Bild 2-27   Versuchsaufbau zur Ermittlung der Hochkantbiegefestigkeit von
Nadelschnittholz (Isaksson, 1999)*

Isaksson gibt für die im Rechenmodell verfügbaren Kenngrößen Rohdichte und Ästigkeit folgende Regressionsgleichung an:

$$f_m = 34,3 + 0,0765 \cdot \rho_{12} - 51,0 \cdot KAR \qquad \text{(2-11)}$$

$$r = 0,50 \qquad s_R = 11,8$$

$$\text{mit } f_m \text{ in N/mm}^2; \ \rho_{12} \text{ in kg/m}^3$$

Zunächst wurden unter Verwendung der Regressionsgleichung (2-11)
Biegefestigkeiten einzelner Zellen mit Hilfe des Rechenmodells generiert. Mit den in [6] angegebenen Verteilungsfunktionen für die Rohdichte
und die Ästigkeit von visuell sortiertem Brettmaterial der Sortierklasse
S10 wurden die in Bild 2-28 über dem Vorhersagewert aufgetragenen
Biegefestigkeiten mit einem Mittelwert von 64 N/mm² simuliert.
Dabei fällt auf, dass nahezu keine Vorhersagewerte kleiner als
40 N/mm² erzeugt werden. Kleine Biegefestigkeiten unter 30 N/mm²
können daher nur dann auftreten, wenn sehr große Residuen generiert
werden. In Bild 2-28 ist außerdem zu erkennen, dass die Streuung der
Biegefestigkeit um den Vorhersagewert annähernd unabhängig von der
Größe des Vorhersagewertes ist. Diese, in der Statistik als homoskedas-
tisch bezeichnete Verteilung der simulierten Residuen ergibt sich aus der
linearen Regressionsbeziehung. Bei experimentell ermittelten Festigkeitskennwerten von Nadelholz ist die Verteilung der Residuen in der
Regel heteroskedastisch, d.h. mit größer werdenden Vorhersagewerten
nimmt auch die Streuung um die Vorhersagewerte zu. Die heteroskedastische Verteilung der Residuen führt in der Regel zu logarithmischen

Regressionsgleichungen, die zudem den Vorteil haben, dass bei der Simulation keine negativen Biegefestigkeiten erzeugt werden können.

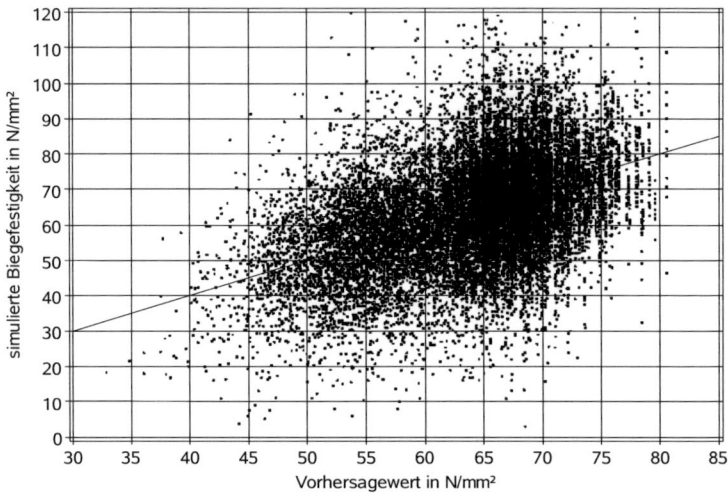

Bild 2-28   unter Verwendung der Regressionsgleichung (2-11) simulierte Biege-festigkeiten für einzelne Zellen, Sortierklasse S10

In einem weiteren Schritt wurde die Biegefestigkeit einzelner Bretter ohne Keilzinkenverbindungen simuliert. Mit den Eingangsdaten für visuell sortiertes Brettmaterial der Sortierklasse S10 ergibt sich eine mittlere Biegefestigkeit von 50,2 N/mm² und ein 5%-Quantil von 26,0 N/mm². Die Häufigkeitsverteilung der simulierten Werte ist in Bild 2-29 angegeben. Berücksichtigt man, dass die experimentell ermittelten Verteilungen von Rohdichte und Ästigkeit, die bei der Generierung der Zellen-Biegefes-tigkeiten als Datenbasis verwendet werden, an visuell sortiertem Brett-material ermittelt wurden, das im Sinne der Sortierung nicht für eine hochkant Biegebeanspruchung vorgesehen ist, erscheint das simulierte 5%-Quantil der Biegefestigkeit deutlich zu hoch. Eine Ursache für den hohen Wert ist sicherlich in der Art der Regressionsgeraden zu sehen. Durch die bilineare, nicht logarithmische Funktion und den großen Ordi-natenabschnitt ergeben sich auch für kleine Rohdichten und große Äs-tigkeiten verhältnismäßig große Biegefestigkeiten. Beispielsweise ergibt sich für eine Rohdichte von 280 kg/m³ und einen KAR-Wert von 0,5 ein Vorhersagewert der Biegefestigkeit von 30,2 N/mm².

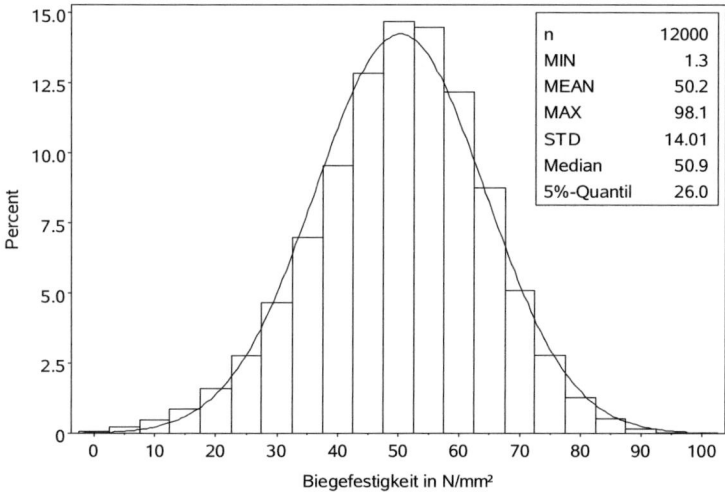

Bild 2-29 Häufigkeitsverteilung der unter Verwendung von Gleichung (2-11)
simulierten Biegefestigkeit für Bretter der Sortierklasse S10;
Vierpunkt-Biegeversuche nach DIN EN 408,
Brettbreite b=150 mm, Stützweite L = 2700 mm

Als weitere Ursache kann nicht ausgeschlossen werden, dass die von Isaksson an nordischem Brettmaterial ermittelte Regressionsbeziehung die Biegefestigkeit von mitteleuropäischem Nadelschnittholz nicht zutreffend beschreibt und damit auch die Simulation unter Verwendung von Datensätzen für die Rohdichte und die Ästigkeit, die an mitteleuropäischem Brettmaterial ermittelt wurden, keine zutreffenden Ergebnisse liefert. Anhand der zur Verfügung stehenden Daten konnten die Widersprüche jedoch nicht geklärt werden, weshalb Versuche zur Ermittlung einer Regressionsgleichung für die Hochkantbiegefestigkeit des in Deutschland zur Herstellung von Brettsperrholz verwendeten Brettmaterials durchgeführt wurden.

2.2.4   Versuche zur Ermittlung der Hochkantbiegefestigkeit von Brettern

Das Versuchsmaterial für die Versuche zur Ermittlung der Hochkantbiegefestigkeit von Brettern bestand aus insgesamt 102 Brettern aus mitteleuropäischem Nadelholz, vornehmlich der Holzart Fichte (picea abies) und stammte von drei verschiedenen Brettsperrholzherstellern aus Süd- und Westdeutschland. Vor der Durchführung der Biegeversuche wurden die Brettrohdichte, der dynamische Elastizitätsmodul und die Ästigkeit der Bretter ermittelt. Unmittelbar nach der Durchführung der Biegeversuche wurde die Holzfeuchte im Darrverfahren an einer über den gesamten Brettquerschnitt im Bereich der Bruchstelle entnommenen Probe ermittelt.

Tabelle 2-9   Prüfkörper zur Ermittlung der Hochkantbiegefestigkeit von Brettern

Hersteller	Lamellendicke in mm	Lamellenbreite in mm	Anzahl
A	40	150	16
B	40	150	30
C	36	140	56

Zur Ermittlung des lokalen Biege-Elastizitätsmoduls $E_{m,t}$, und der Biegefestigkeit f_m wurden Biegeversuche nach DIN EN 408 mit einer Stützweite von 18-mal der Bretthöhe durchgeführt. Die Belastung erfolgte durch Einzellasten in den Drittelspunkten der Stützweite. Zur Bestimmung des lokalen Biege-Elastizitätsmoduls wurde die Verformung in der Mitte des querkraftfreien Bereichs über eine Messlänge von $5 \cdot h$ gemessen. Die Messung erfolgte in der neutralen Faser auf beiden Seiten der Prüfkörper mit Hilfe von induktiven Wegaufnehmern.

Die Belastung wurde bis zu einer Last von 30% der geschätzten Bruchlast kraftgesteuert mit einer konstanten Belastungsgeschwindigkeit von $0,2 \cdot F_{est}$ pro Minute aufgebracht. Oberhalb von $0,3 \cdot F_{est}$ bis zum Bruch wurde die Belastung weggesteuert mit konstanter Vorschubgeschwindigkeit aufgebracht.

Bei allen Versuchen wurde die Geschwindigkeit des Belastungskolbens so gewählt, dass die geschätzte Höchstlast F_{est} innerhalb von 300 s ± 120 s erreicht wurde. Soweit erforderlich, wurden die Prüfkörper gegen seitliches Ausweichen gesichert.

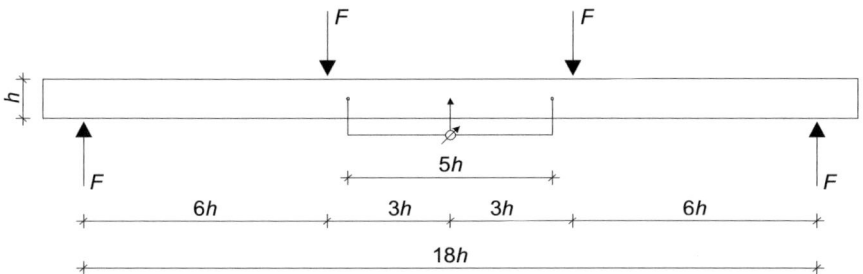

Bild 2-30   Versuchsanordnung zur Ermittlung der Hochkantbiegefestigkeit von Brettlamellen

96 der 102 Bretter versagten durch Biegebrüche. Bei den restlichen sechs Brettern traten Schubbrüche vor dem Erreichen der Biegefestigkeit auf. Diese Bretter wurden bei der Ermittlung der Regressionsgleichungen für die Biegefestigkeit nicht berücksichtigt. Bei nahezu allen Biegebrüchen ging das Versagen von der Biegezugzone aus. Lediglich bei drei Brettern traten Druckfalten am gedrückten Querschnittsrand auf, bevor das Erreichen der lokalen Zugfestigkeit in Faserrichtung in der Zugzone zum Versagen führte. Die Biegefestigkeit f_m wurde nach Gleichung (2-1) berechnet. Zur Berücksichtigung des Höheneinflusses wurden die Biegefestigkeiten von Brettern mit einer Breite kleiner 150 mm durch den Faktor k_h nach EN 384 dividiert.

$$f_m = \frac{M_{max}}{W \cdot k_h} = \frac{36 \cdot F_{max}}{b_{net} \cdot h} \cdot \left(\frac{150}{h}\right)^{-0,2} \tag{2-12}$$

Der Elastizitätsmodul der Bretter wurde aus der mit Hilfe einer linearen Regressionsanalyse ermittelten Steigung der Last-Verformungs-Kurve für den Abschnitt zwischen 10% und 40% der Höchstlast nach Gleichung (2-2) berechnet. In Bild 2-34 und Bild 2-31 sind die aus den Versuchen ermittelten Häufigkeitsverteilungen der Biegefestigkeit und des Elastizitätsmoduls angegeben. Die Häufigkeitsverteilung der Ästigkeit in Bild 2-32 wurde durch Zuordnen der vor der Versuchsdurchführung ermittelten Ästigkeiten zu den Bruchstellen ermittelt.

Zur Ermittlung einer Regressionsgleichung mit der Darrrohdichte und der Ästigkeit als Regressoren wurde die Brettrohdichte mit Hilfe folgender Beziehung in die Darrrohdichte umgerechnet:

$$\rho_0 = \rho_u \cdot \frac{1+u}{1+\alpha_{vu}} \tag{2-13}$$

Nach Kollmann [12] kann das Volumenschwindmaß von Nadelholz mit $\alpha_{vu} \approx 0,85 \cdot \rho_0 \cdot u$ abgeschätzt werden, sodass die Darrrohdichte wie folgt berechnet werden kann:

$$\rho_0 = \frac{\rho_u}{1+u-0,85 \cdot \rho_u \cdot u} \tag{2-14}$$

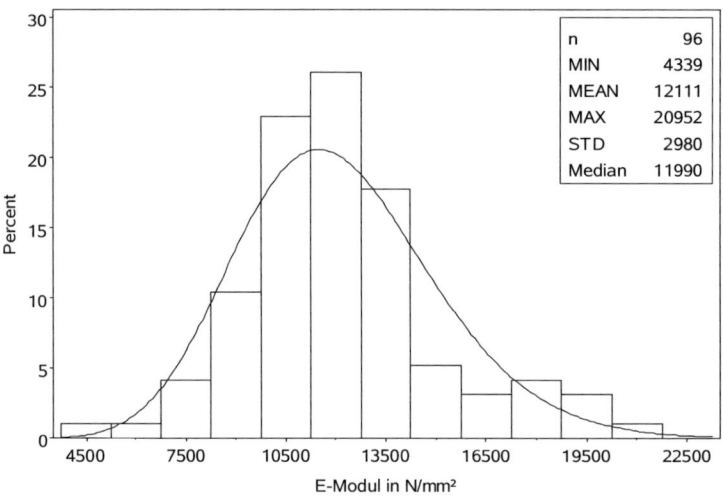

Bild 2-31   Häufigkeitsverteilung des lokalen Biege-Elastizitätsmoduls

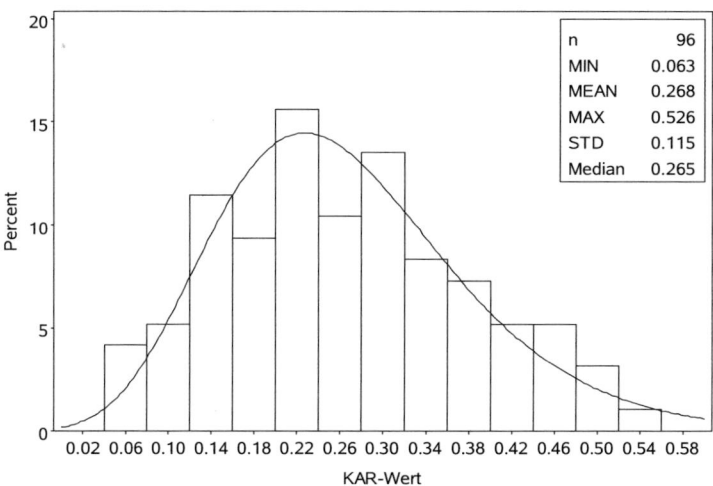

Bild 2-32   Häufigkeitsverteilung des KAR-Wertes an der Bruchstelle

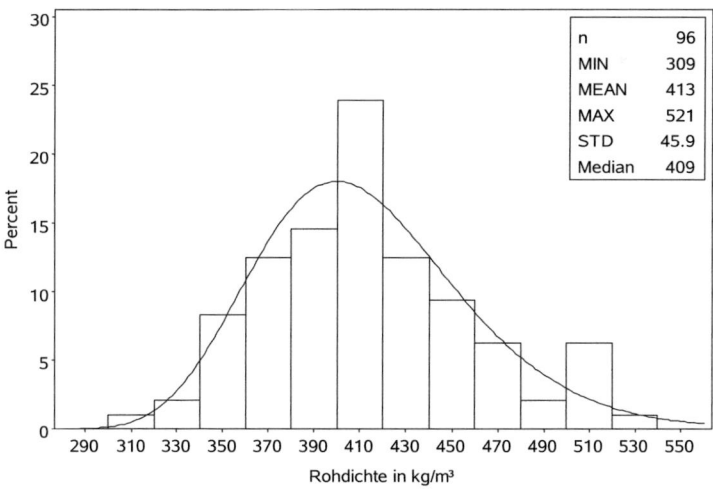

Bild 2-33   Häufigkeitsverteilung der Darrrohdichte

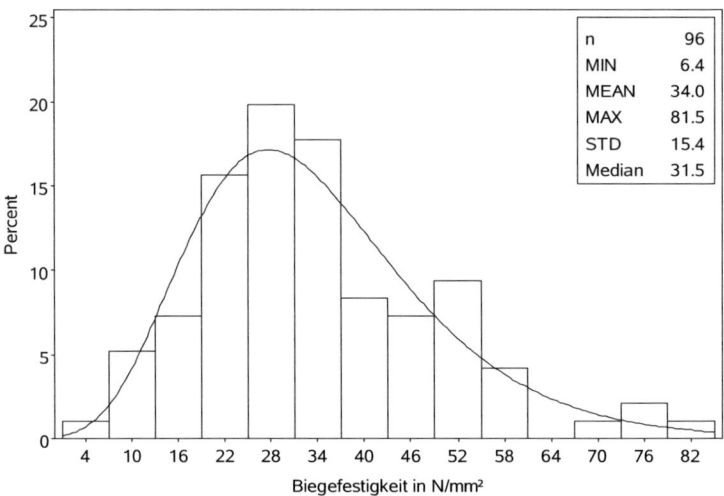

Bild 2-34 Häufigkeitsverteilung der Hochkantbiegefestigkeit der
          geprüften Bretter

Unter Verwendung der Darrrohdichte und der Ästigkeit bzw. des Elastizitätsmoduls und der Ästigkeit als beschreibende Größen wurden mit Hilfe einer multiplen Regressionsanalyse die Regressionsbeziehungen (2-15) für den Biege-Elastizitätsmodul und (2-16) für die Hochkantbiegefestigkeit von Brettern anhand der Versuchsergebnisse ermittelt.

$$\ln(E_m) = 7,90 + 3,81 \cdot 10^{-3} \cdot \rho_0 - 3,69 \cdot 10^{-1} \cdot KAR \qquad (2\text{-}15)$$
$$r = 0,773 \qquad s_R = 0,165$$
$$\text{mit } E_m \text{ in N / mm}^2; \rho_0 \text{ in kg / m}^3$$

$$\ln(f_m) = -9,09 + 1,36 \cdot \ln(E_m) - 9,78 \cdot 10^{-1} \cdot KAR \qquad (2\text{-}16)$$
$$r = 0,839 \qquad s_R = 0,274$$
$$\text{mit } f_m \text{ in N / mm}^2; E_m \text{ in N / mm}^2$$

In Bild 2-35 und Bild 2-36 sind die experimentell ermittelten Werte des Elastizitätsmoduls und der Biegefestigkeit über den Vorhersagewerten nach den Regressionsgleichungen (2-15) und (2-16) aufgetragen. Zusätzlich sind die 95%-Vertrauensgrenzen angegeben, die das Intervall um die Regressionsgerade kennzeichnen, in dem 95% aller Messwerte liegen. Im Gegensatz zu der in Bild 2-28 gezeigten Verteilung der simulierten Biegefestigkeiten ergibt sich für die experimentell ermittelten Werte wie erwartet eine heteroskedastische, trichterförmige Verteilung der Residuen mit größeren Streuungen bei hohen Messwerten (vgl. Abschnitt 2.2.3).

Für die lineare Regressionsanalyse sind Normalverteilung und Homoskedastizität der Residuen eine notwendige Voraussetzung. Für den Elastizitätsmodul und die Hochkantbiegefestigkeit konnte durch Logarithmieren der Daten eine annähernd gleichförmige, homoskedastische Verteilung der Streuungen erreicht werden. In Bild 2-37 und Bild 2-38 sind die logarithmierten Werte der experimentell ermittelten Elastizitätsmoduln und Hochkantbiegefestigkeiten über den Vorhersagewerten nach den Gleichungen (2-15) bzw. (2-16) aufgetragen. In beiden Darstellungen ist die homoskedastische Verteilung der Residuen gut zu erkennen.

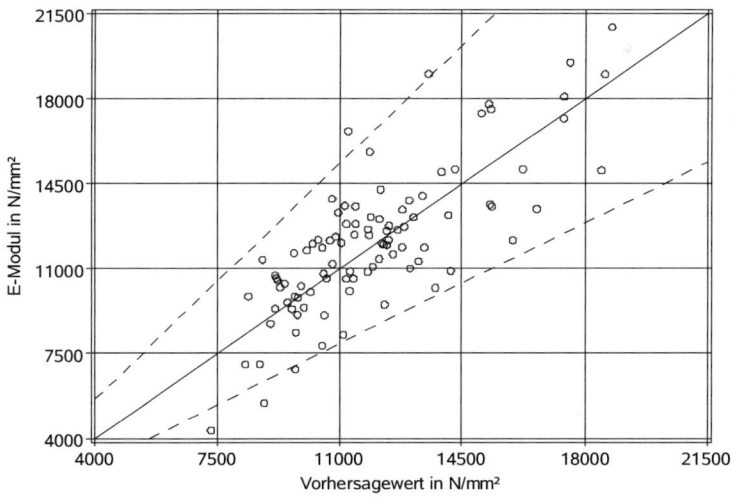

Bild 2-35   Elastizitätsmodul von hochkant auf Biegung beanspruchten Brettern über dem Vorhersagewert nach Gleichung (2-15) mit 95%-Vertrauensgrenzen

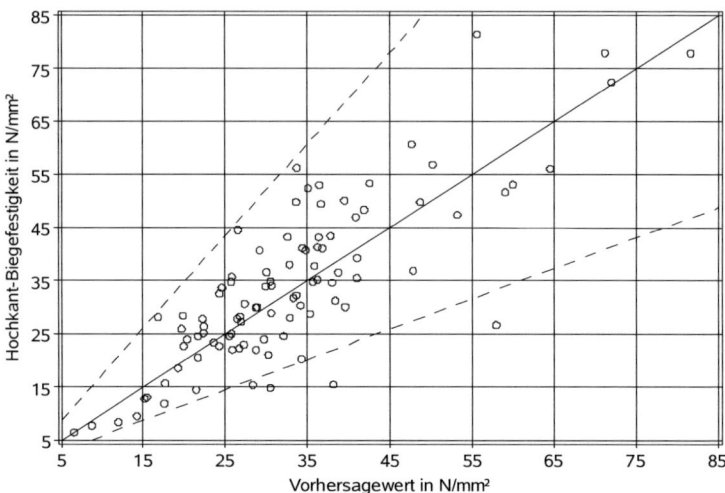

Bild 2-36 Hochkantbiegefestigkeit von Brettern über dem Vorhersagewert nach Gleichung (2-16) mit 95%-Vertrauensgrenzen

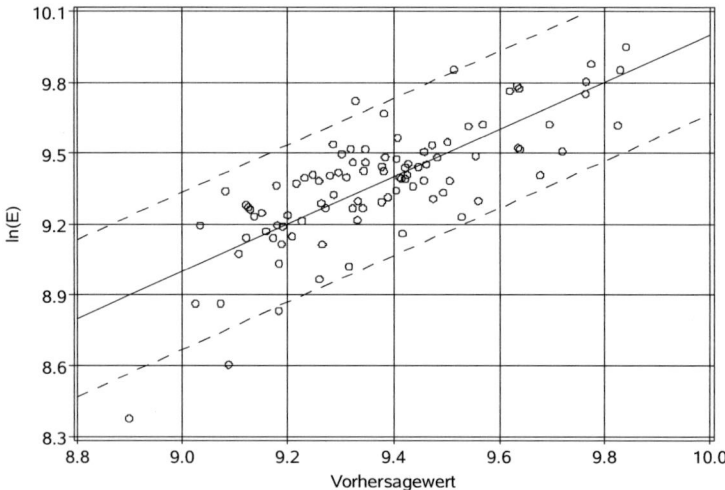

Bild 2-37 Logarithmus des Elastizitätsmoduls von hochkant auf Biegung beanspruchten Brettern über dem Vorhersagewert nach Gleichung (2-15) mit 95%-Vertrauensgrenzen

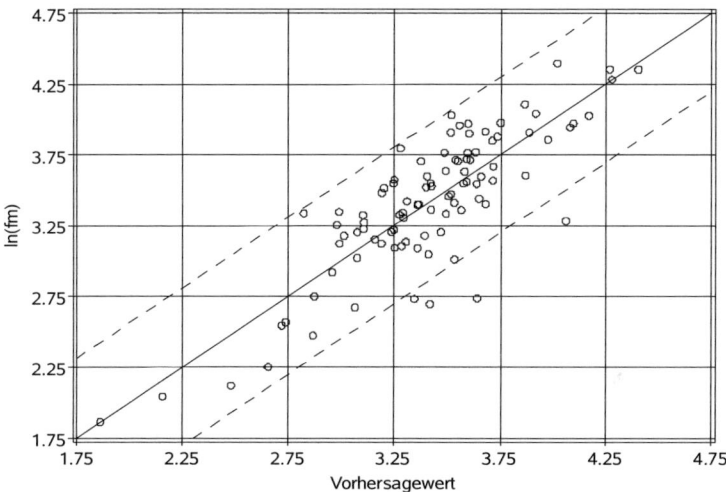

Bild 2-38   Logarithmus der experimentell ermittelten Hochkantbiegefestigkeit von Brettern über dem Vorhersagewert nach Gleichung (2-16) mit 95%-Vertrauensgrenzen

Anhand der vor Versuchsdurchführung ermittelten und dokumentierten Ästigkeiten konnten die Bretter nach der Durchführung der Versuche visuell nach DIN 4074-1 sortiert werden. Wie bei der Sortierung von Lamellen für Brettschichtholz blieb dabei das Sortierkriterium für Schmalseitenäste unberücksichtigt. In Tabelle 2-10 sind die Versuchsergebnisse nach Sortierklassen getrennt zusammengestellt. Die für die drei Sortierklassen ermittelten charakteristischen Biegefestigkeiten liegen deutlich unter den Rechenwerten für die entsprechenden Festigkeitsklassen bei einer Kantholzsortierung, womit sich die Vermutung, die Anlass für die Durchführung der Versuche war (vgl. Abschnitt 2.2.3), bestätigt.

Tabelle 2-10   Versuchsergebnisse nach Sortierklassen getrennt

| Sortierklasse nach DIN 4074-1 | Anzahl | Mittelwert | | | | 5%-Quantil |
		$\rho_{0,Brett}$ in kg/m³	E in N/mm²	KAR	$f_{m,mean}$ in N/mm²	$f_{m,05}$ in N/mm²
S7	18	385	10211	0,414	21,2	7,7
S10	48	404	11568	0,265	32,5	15,8
S13	30	445	14119	0,184	44,1	22,1

2.2.5 Versuche zur Ermittlung der Hochkantbiegefestigkeit von Keilzinkenverbindungen

Neben der Hochkantbiegefestigkeit der Bretter wird zur Formulierung eines spannungsbasierten Versagenskriteriums im Rechenmodell auch die Hochkantbiegefestigkeit von Keilzinkenverbindungen als statistische Größe benötigt. Zur Ermittlung einer Regressionsgleichung für die Hochkantbiegefestigkeit von Keilzinkenverbindungen in Brettlamellen wurden daher Biegeversuche an keilgezinkten Brettlamellen durchgeführt.

Das Versuchsmaterial wurde zu jeweils etwa gleichen Teilen von den fünf am Forschungsvorhaben beteiligten, Brettsperrholz produzierenden Unternehmen zur Verfügung gestellt, sodass die untersuchte Stichprobe für das in Deutschland zur Verfügung stehende Brettmaterial als repräsentativ betrachtet werden kann. Insgesamt wurden 362 keilgezinkte Brettlamellen geprüft von denen 249 flach gezinkt und 113 hochkant gezinkt waren. Die herstellerabhängigen Abmessungen der Keilzinkenverbindungen sind in Tabelle 2-11 zusammengestellt. Um einen möglichen Einfluss der Brettbreite auf die Hochkantbiegefestigkeit der Keilzinkenverbindungen ermitteln zu können, wurden unterschiedliche Brettbreiten geprüft. Eine Übersicht der Prüfkörperabmessungen ist in Tabelle 2-12 gegeben.

Tabelle 2-11   Zusammenstellung der unterschiedlichen Zinkenabmessungen der geprüften Keilzinkenverbindungen nach Hersteller

Hersteller	Zinkenlänge in mm	Zinkenteilung in mm	Verschwächungs- grad	Richtung
A	20	6,2	0,16	flach
B	15	3,8	0,11	flach
C	20	6,2	0,16	flach
D	15	3,8	0,14	flach
E	15 - 16,5	3,8	0,08	hochkant

Tabelle 2-12   Prüfkörper für die Ermittlung der Hochkantbiegefestigkeit von Keilzinkenverbindungen

Hersteller	Lamellendicke in mm	Lamellenbreite in mm	Anzahl
A	40	100	24
	40	150	20
	40	200	20
B	40	100	20
	40	150	20
	33	250	20
C	30	100	22
	30	200	22
	30	250	22
D	30	150	20
	30	200	20
	30	250	19
E	17	143	19
	17	195	18
	27	143	20
	27	195	20
	33	143	19
	33	195	17

Der Versuchsaufbau wurde in Anlehnung an DIN EN 408 festgelegt. Der Bereich mit der größten Biegebeanspruchung zwischen den Lasteinleitungspunkten wurde dabei verkürzt, um ein Versagen der in diesem Bereich angeordneten Keilzinkenverbindungen zu erreichen.

Die lokalen Durchbiegungen zwischen den Lasteinleitungspunkten liegen in der Größenordnung von ca. 0,1 mm. Auf eine messtechnische Erfassung dieser Verformungen wurde daher verzichtet. Die globale Verformung wurde in den Lasteinleitungspunkten gemessen.

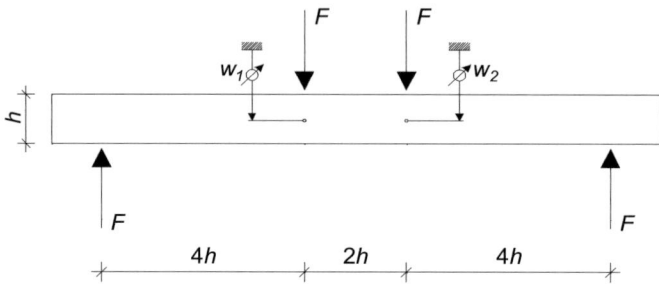

*Bild 2-39   Versuchsanordnung zur Ermittlung der Hochkantbiegefestigkeit
von Keilzinkenverbindungen*

Nach der Versuchsdurchführung wurde auf beiden Seiten der Keilzinkenverbindung eine Probe zur Ermittlung der Holzfeuchte und der Rohdichte entnommen. Die Häufigkeitsverteilungen der ermittelten Werte sind in Bild 2-40 und Bild 2-41 angegeben.

Bei 264 Prüfkörpern waren Biegebrüche ausgehend von der Keilzinkenverbindung die Versagensursache. Bei den restlichen 98 Prüfkörpern traten andere Versagensformen, größtenteils Schubbrüche aufgrund von Schwindrissen oder Biegebrüche im Bereich von Ästen, auf.

Aus dem Biegeanteil der Durchbiegung in den Lasteinleitungspunkten wurde für den Abschnitt der Last-Verformungskurve zwischen $0{,}1 \cdot F_u$ und $0{,}4 \cdot F_u$ der Elastizitätsmodul berechnet. Zur Ermittlung der Schubverformungsanteile wurde dabei ein konstantes Verhältnis E/G von 16 angenommen. Die aus den globalen Verformungen ermittelten Elastizitätsmoduln sind Mittelwerte der geprüften Brettlamellen und entsprechen nicht den lokalen Elastizitätsmoduln in der unmittelbaren Umgebung der Keilzinkenverbindungen. Die Korrelation dieser Werte mit der Hochkantbiegefestigkeit der Keilzinkenverbindung ist dennoch sehr gut, sodass für die Ermittlung einer Regressionsgleichung für die Hochkantbiegefestigkeit der Keilzinkenverbindung der globale Elastizitätsmodul als Regressor verwendet wurde. Die Biegefestigkeit wurde als Quotient aus dem in der Keilzinkenverbindung unter Höchstlast aufgetretenen Biegemoment und dem Widerstandsmoment des Brettquerschnittes berechnet. Die ermittelten Häufigkeitsverteilungen des Elastizitätsmoduls und der Biegefestigkeit sind in Bild 2-42 und Bild 2-43 angegeben.

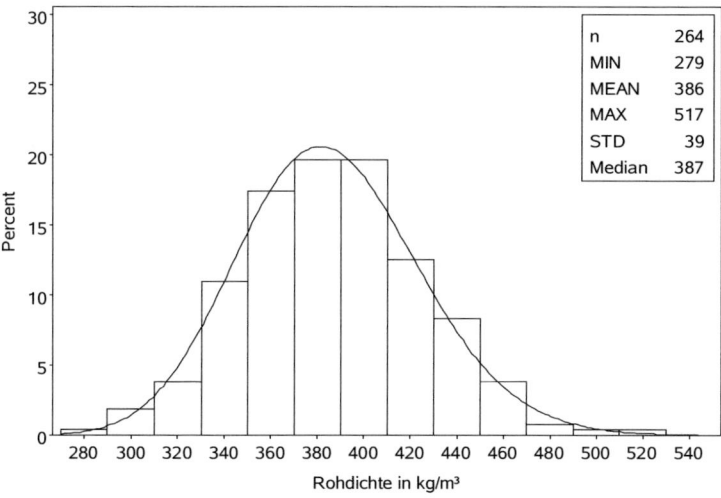

Bild 2-40   Häufigkeitsverteilung der kleineren Darrrohdichte innerhalb der geprüften Keilzinkenverbindungen

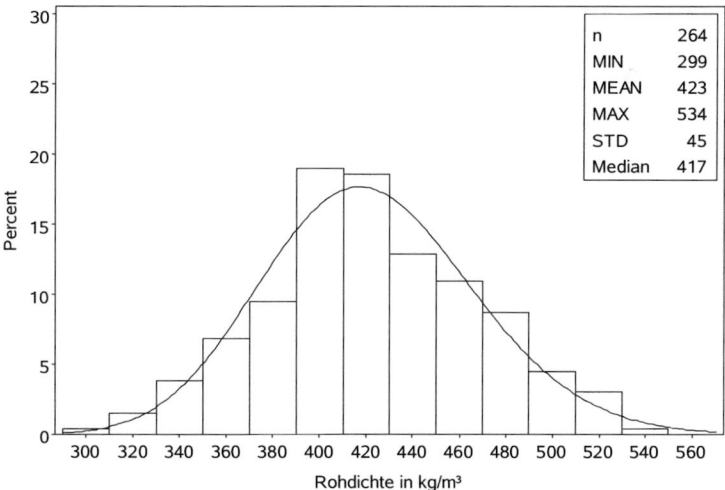

Bild 2-41   Häufigkeitsverteilung der größeren Darrrohdichte innerhalb der geprüften Keilzinkenverbindungen

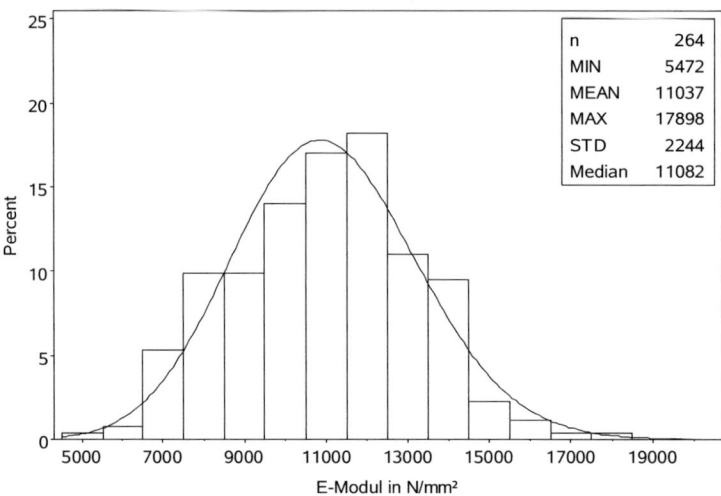

Bild 2-42 *Häufigkeitsverteilung des Elastizitätsmoduls der geprüften
Keilzinkenverbindungen*

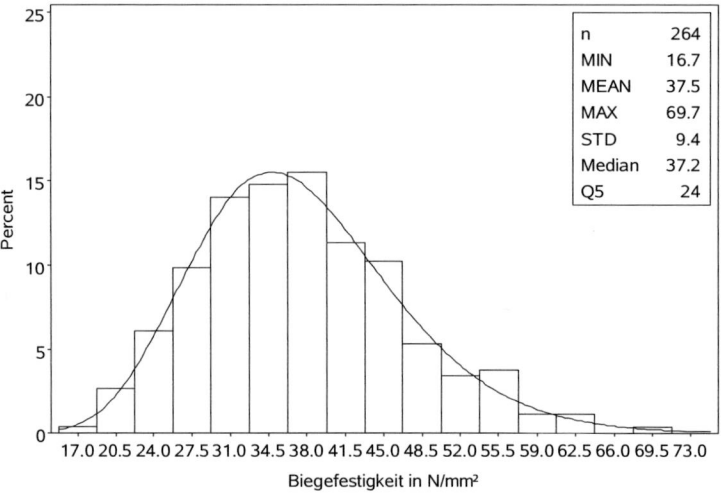

Bild 2-43 *Häufigkeitsverteilung der Hochkantbiegefestigkeit der geprüften
Keilzinkenverbindungen*

Mit Hilfe einer multiplen Regressionsanalyse wurden anhand der Versuchsergebnisse Regressionsbeziehungen für den Elastizitätsmodul und die Hochkantbiegefestigkeit von Keilzinkenverbindungen ermittelt.

$$\ln(E_{m,KZV}) = 7,69 + 1,56 \cdot 10^{-3} \cdot \rho_{0,max} + 2,44 \cdot 10^{-3} \cdot \rho_{0,min} \qquad (2\text{-}17)$$

$$r = 0,717 \qquad\qquad s_R = 0,149$$

$$\text{mit } E_{m,KZV} \text{ in N / mm}^2; \rho_{0,max}, \rho_{0,min} \text{ in kg / m}^3$$

$$\ln(f_{m,KZV}) = -3,93 + 8,13 \cdot 10^{-1} \cdot \ln(E_{m,KZV}) - 1,56 \cdot 10^{-3} \cdot (h - 150) \qquad (2\text{-}18)$$

$$r = 0,640 \qquad\qquad s_R = 0,195$$

$$\text{mit } f_{m,KZV}, E_{m,KZV} \text{ in N / mm}^2; h \text{ in mm}$$

Wie zuvor konnte durch eine Transformation mit dem natürlichen Logarithmus eine annähernd homoskedastische Verteilung der Residuen erreicht werden. In Bild 2-37 und Bild 2-38 sind die logarithmierten Messwerte über den Vorhersagewerten aufgetragen.

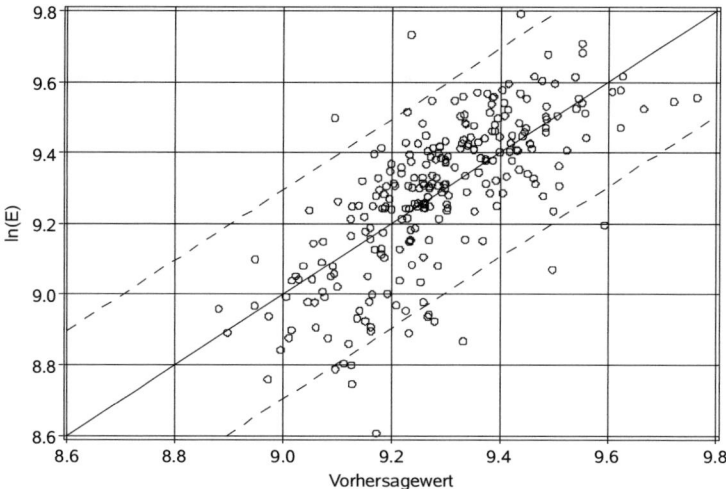

Bild 2-44   *Logarithmus des Elastizitätsmoduls von hochkant auf Biegung beanspruchten Keilzinkenverbindungen über dem Vorhersagewert nach Gleichung (2-17) mit 95%-Vertrauensgrenzen*

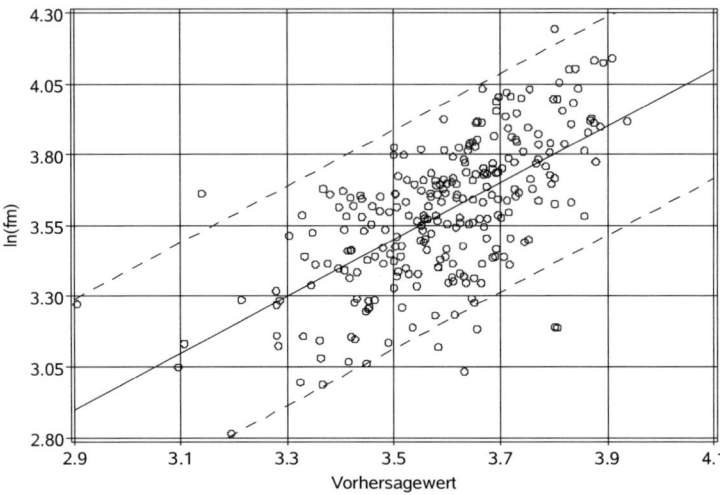

Bild 2-45 Logarithmus der Hochkantbiegefestigkeit von Keilzinkenver-
bindungen über dem Vorhersagewert nach Gleichung (2-18)
mit 95%-Vertrauensgrenzen

2.2.6   Ermittlung des Rollschubmoduls durch Schwingungsmessung

Für die Stabilitätsnachweise von in Plattenebene beanspruchten Brettsperrholzträgern muss auch die Steifigkeit rechtwinklig zur Plattenebene
bekannt sein, die wegen des geringen Rollschubmoduls von Holz maß-
geblich von den Schubverzerrungen in den Querlagen abhängt. Für die
Ermittlung der Biegesteifigkeit rechtwinklig zur Plattenebene mit Hilfe
des Rechenmodells muss daher die statistische Verteilung des Rollschubmoduls der Querlagen bekannt sein.

Tabelle 2-13   Prüfkörper zur Ermittlung des dynamischen Rollschubmoduls

TYP	h in mm	a in mm	b in mm	Anzahl
1	160	20	36	143
2	75	12	24	341

Zur Ermittlung des Rollschubmoduls durch Schwingungsmessung wurden insgesamt 484 Prüfkörper aus Brettern mit den Querschnittsabmessungen b/h = 24/75 mm und b/h = 36/160 mm entnommen. Die

Länge *a* der Prüfkörper in Faserrichtung betrug 12 mm bei den 75 mm breiten Brettern und 20 mm bei den 160 mm breiten Brettern. Anzahl und Abmessungen der beiden Prüfkörpertypen sind in Tabelle 2-13 zusammengestellt.

Mit Hilfe des von Görlacher [13] entwickelten Verfahrens kann der Rollschubmodul der Brettabschnitte zerstörungsfrei ermittelt werden. Hierfür werden die Prüfkörper durch Einleiten eines Impulses zum Schwingen angeregt und die Eigenfrequenzen der entstehenden Biegeschwingungen in Faserrichtung und rechtwinklig zur Faserrichtung gemessen (Bild 2-46). Um den Rollschubmodul einer Probe zu ermitteln, wird zunächst aus der Eigenfrequenz der Biegeschwingung in Faserrichtung der Elastizitätsmodul E_{90} nach Gleichung (2-19) berechnet, indem das Verhältnis E_{90}/G geschätzt wird. Da bei dieser Schwingungsform der Einfluss der Schubverformungen sehr gering ist, genügt eine grobe Schätzung für den Schubmodul G, der für die Auswertung der Messungen mit 690 N/mm² angenommen wurde.

$$E_{90} = \frac{4\pi^2 h^4 f_1^2 \rho}{501 \cdot i^2} \cdot \left[1 + \frac{i^2}{h^2} \cdot \left(49,5 + 12,3 \cdot s \cdot \frac{E_{90}}{G} \right) - 1,06 \cdot \frac{4\pi^2 i^2 f_1^2 \rho}{G} \right] \quad (2\text{-}19)$$

Bei bekanntem E_{90} kann in einem zweiten Schritt, ebenfalls mit Gleichung (2-19), der Rollschubmodul G_R aus der Eigenfrequenz der Biegeschwingung rechtwinklig zur Faserrichtung berechnet werden. Die ermittelten Häufigkeitsverteilungen der Rohdichte, des Elastizitätsmoduls rechtwinklig zur Faserrichtung und des Rollschubmoduls sind in Bild 2-47, Bild 2-48 und Bild 2-50 angegeben.

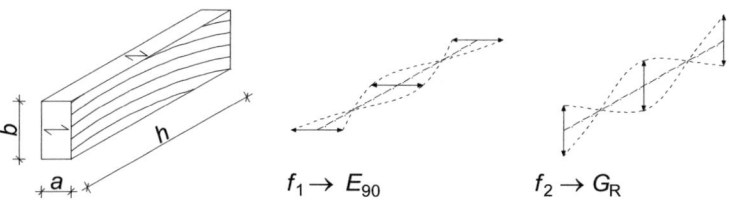

$f_1 \rightarrow E_{90}$ $f_2 \rightarrow G_R$

Bild 2-46   untersuchte Schwingungsformen zur Ermittlung des dynamischen Rollschubmoduls

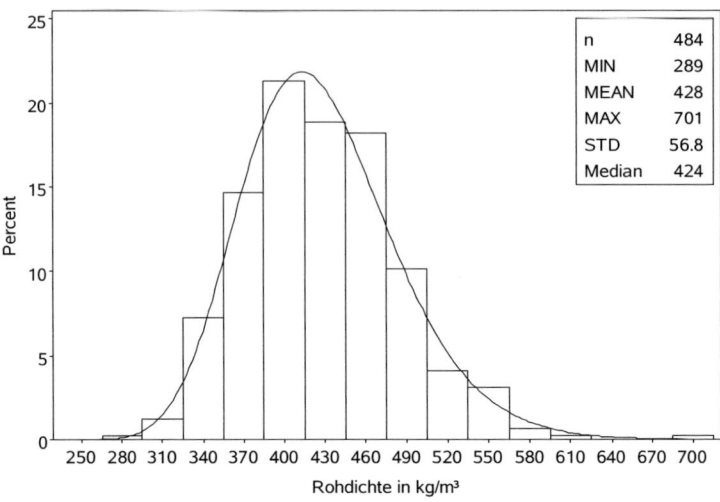

Bild 2-47   Häufigkeitsverteilung der Darrrohdichte, alle Prüfkörper
(Typ 1 und Typ 2)

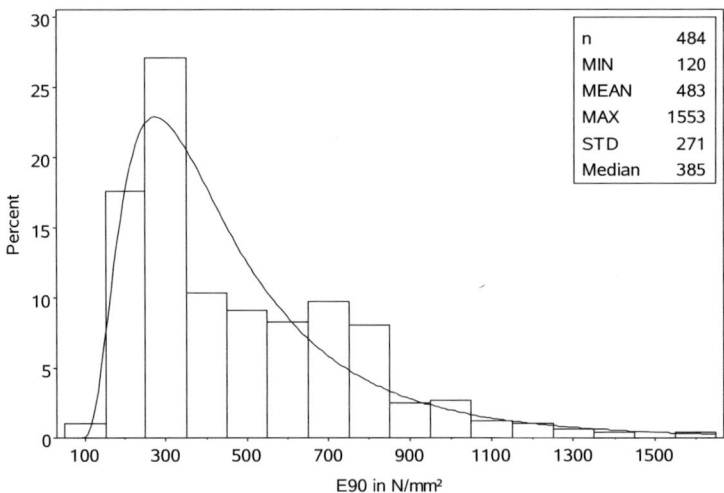

Bild 2-48   Häufigkeitsverteilung des Elastizitätsmoduls rechtwinklig zur
Faserrichtung, alle Prüfkörper (Typ 1 und Typ 2)

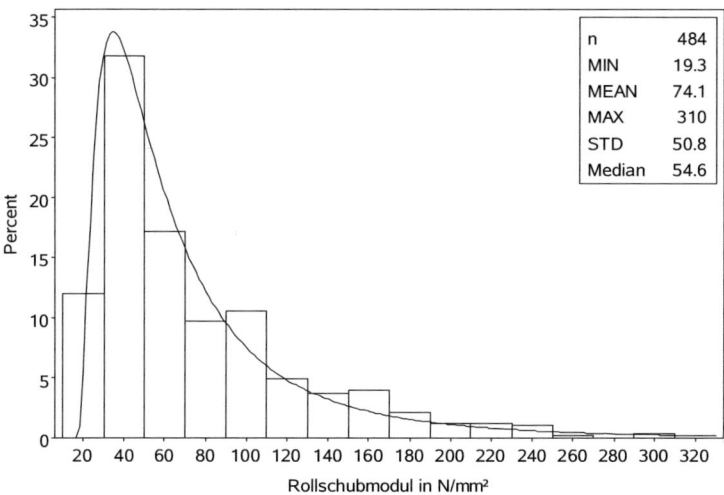

Bild 2-49   Häufigkeitsverteilung des dynamischen Rollschubmoduls, alle
Prüfkörper (Typ 1 und Typ 2)

Mit Hilfe einer multiplen Regressionsanalyse wurde anhand der Messdaten die Regressionsgleichung (2-20) für den Rollschubmodul mit der
Darrrohdichte und dem Elastizitätsmodul rechtwinklig zur Faserrichtung
als unabhängige Größen ermittelt.

$$\ln(G_R) = 2,07 + 6,45 \cdot 10^{-3} \cdot \rho_0 - 1,48 \cdot 10^{-3} \cdot E_{90}$$

$$r = 0,627 \qquad s_R = 0,475 \tag{2-20}$$

$$\text{mit } G_R, E_{90} \text{ in N/mm}^2; \ \rho_0 \text{ in kg/m}^3$$

In Bild 2-50 sind die logarithmierten Werte der durch Schwingungsmessung ermittelten Rollschubmoduln der Prüfkörper über den Vorhersagewerten nach Gleichung (2-20) dargestellt.

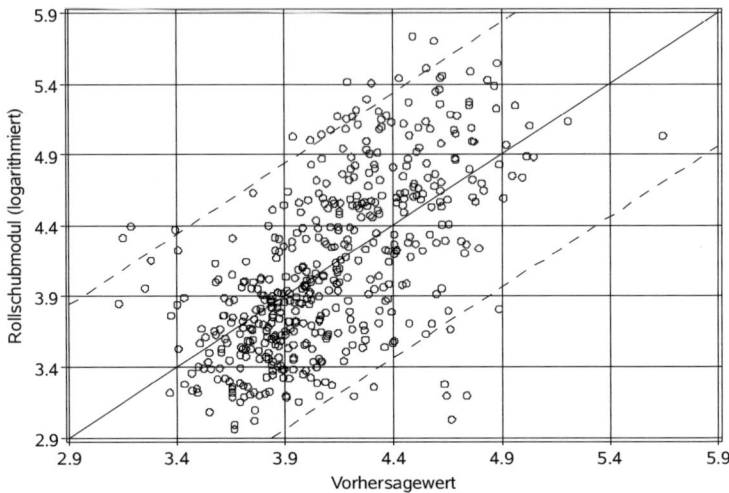

Bild 2-50   Logarithmus des dynamisch gemessenen Rollschubmoduls über dem
Vorhersagewert nach Gleichung (2-20) mit 95%-Vertrauensgrenzen,
alle Prüfkörper (Typ1 und Typ2)

2.2.7   Ermittlung des Rollschubmoduls und der Rollschubfestigkeit durch Druckscherversuche

In Versuchen mit rechtwinklig zur Plattenebene beanspruchten Brettsperrholzträgern wird auch bei großen Stützweiten das Versagen immer
wieder durch Erreichen der Rollschubfestigkeit ausgelöst. Um diese
Versagensform, die auch bei hauptsächlich in Plattenebene beanspruchten Trägern theoretisch maßgebend werden kann, mit Hilfe des Rechenmodells abbilden zu können, wurde die statistische Verteilung der
Rollschubfestigkeit durch Versuche ermittelt und eine Regressionsgleichung in Abhängigkeit der im Rechenmodell verfügbaren Kenngrößen
bestimmt. Insgesamt wurden 386 Druckscherversuche durchgeführt. Um
einen möglichen Einfluss der Brettdicke sowie des Winkels zwischen der
einwirkenden Kraft und der Scherfuge untersuchen zu können, wurden
beide Parameter innerhalb der Versuchsreihen variiert. Der Umfang der
einzelnen Prüfreihen und die Abmessungen der Prüfkörper sind in Tabelle 2-14 zusammengestellt.

Tabelle 2-14   *Prüfkörper der Versuchsreihen zur Ermittlung der Rollschubfestig-*
keit und des Rollschubmoduls

Reihe	t_Q in mm	h in mm	b in mm	α in °	Anzahl
20-1				20	43
20-2	20	100	150	31	44
20-3				36	43
25-1				21	41
25-2	25	120	150	25	40
25-3				30	40
27-1				16	39
27-2	27	150	150	21	37
27-3				25	38
40-1				23	7
40-2	40	165	150	35	7
40-3				38	7

Die Versuche wurden von Beginn an bis zum Bruch weggesteuert mit einer Kolbengeschwindigkeit von 0,5 mm/min gefahren. Die Versuchsanordnung ist in Bild 2-51 dargestellt.

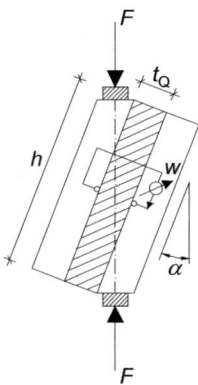

Bild 2-51 *Druckscherversuche zur Ermittlung des Rollschubmoduls und*
der Rollschubfestigkeit von Brettlamellen

Aus der parallel zur Klebefuge wirkenden Kraftkomponente der Höchstlast wurde die Rollschubfestigkeit nach Gleichung (2-21) berechnet. Zur Ermittlung des Rollschubmoduls wurde die Verschiebung parallel zur Klebefuge berührungsfrei mit Hilfe eines optischen Systems gemessen. Aus der Steigung der Last-Verformungskurve im Abschnitt zwischen 10% und 40% der Höchstlast wurde der Rollschubmodul nach Gleichung (2-22) berechnet.

$$f_R = \frac{F \cdot \cos \cdot \alpha}{h \cdot b} \qquad (2\text{-}21)$$

$$G_R = \frac{\Delta F_{10-40} \cdot t_Q \cdot \cos \alpha}{\Delta w_{10-40} \cdot h \cdot b} \qquad (2\text{-}22)$$

Als weitere mögliche Einflussgrößen, deren Korrelation mit der Rollschubfestigkeit und dem Rollschubmodul im Rahmen einer Regressionsanalyse untersucht werden sollten, wurden die Rohdichte, die Jahrringbreite und die Jahrringlage der geprüften Brettabschnitte ermittelt. Für die Jahrringbreite und die Rohdichte sind die Häufigkeitsverteilungen in Bild 2-52 und Bild 2-53 angegeben. Die ermittelten Häufigkeitsverteilungen für den Rollschubmodul und die Rollschubfestigkeit sind in Bild 2-54 und Bild 2-55 angegeben.

Bei der Ermittlung der Jahrringlage wurde wegen der über die Brettbreite variierenden Winkel zwischen den Tangenten der Jahrringe und den Brettaußenkanten eine Unterteilung nach dem Einschnitt in die vier in Bild 2-56 dargestellten Gruppen vorgenommen. Mit der gewählten Unterteilung waren mehr als zwei Drittel der geprüften Brettabschnitte als Seitenbretter einzustufen, etwa ein Viertel waren Halbriftbretter. Die Anzahl der Rift- und Markbretter war vernachlässigbar gering, sodass im Wesentlichen nur zwei der vier unterschiedenen Typen der Jahrringlage auftraten.

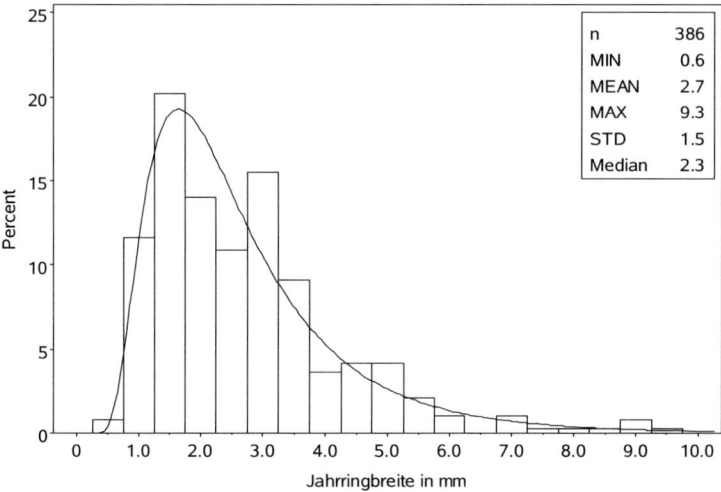

Bild 2-52 Häufigkeitsverteilung der Jahrringbreite

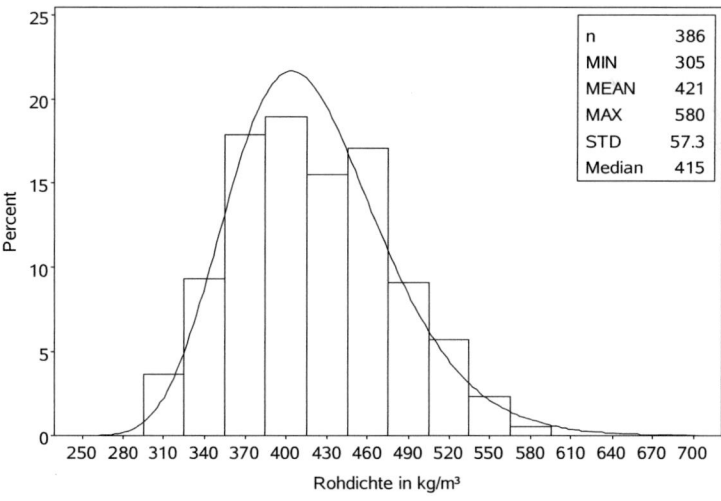

Bild 2-53 Häufigkeitsverteilung der Darrrohdichte

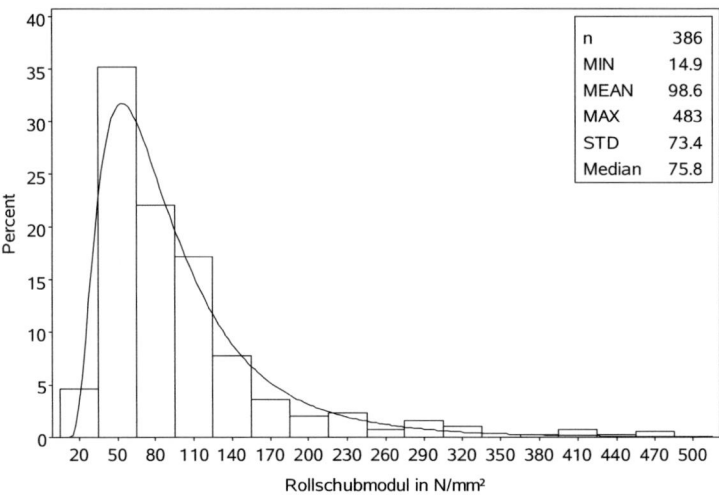

Bild 2-54   Häufigkeitsverteilung des Rollschubmoduls

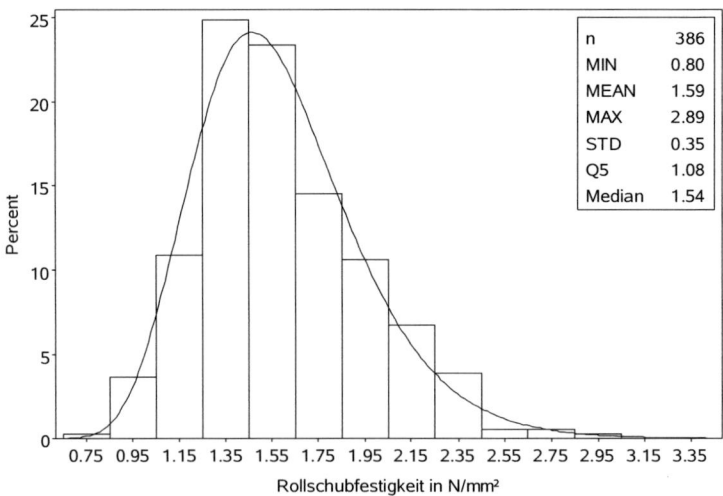

Bild 2-55   Häufigkeitsverteilung der Rollschubfestigkeit

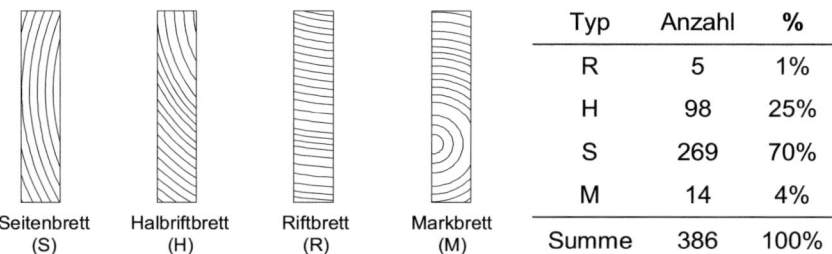

Typ	Anzahl	%
R	5	1%
H	98	25%
S	269	70%
M	14	4%
Summe	386	100%

Seitenbrett (S)	Halbriftbrett (H)	Riftbrett (R)	Markbrett (M)

Bild 2-56 Unterscheidung der Jahrringlage bei den geprüften Brettabschnitten

Für die Jahrringlage konnte im Rahmen der durchgeführten Regressionsanalyse kein signifikanter Zusammenhang mit dem Rollschubmodul und der Rollschubfestigkeit festgestellt werden. Die in den Druckscherversuchen ermittelten Rollschubmoduln stimmen jedoch gut mit den von Aicher und Dill-Langer [14] für vergleichbare Jahrringlagen angegebenen Werten überein, die mit Hilfe von FE-Berechnungen ermittelt wurden. Eine signifikante Abhängigkeit der Rollschubfestigkeit von der rechtwinklig zur Scherfuge wirkenden Kraftkomponente konnte anhand der Messdaten ebenfalls nicht festgestellt werden. Die vermutete Abhängigkeit der Rollschubfestigkeit von einer gleichzeitig einwirkenden Druckspannung quer zur Faserrichtung kann daher durch die vorliegenden Versuchsergebnisse nicht bestätigt werden.

Für Rohdichte, Brettdicke und Jahrringbreite bzw. Rollschubmodul, Rohdichte und Jahrringbreite konnte hingegen ein aus statistischer Sicht signifikanter Zusammenhang mit den Regressanden Rollschubmodul und Rollschubfestigkeit nachgewiesen werden. Mit den genannten Größen als Regressoren wurden folgende Regressionsgleichungen ermittelt:

$$\ln(G_R) = 1{,}71 + 2{,}46 \cdot 10^{-3} \cdot \rho_0 + 5{,}32 \cdot 10^{-2} \cdot t_q + 1{,}27 \cdot 10^{-1} \cdot t_{JR} \qquad (2\text{-}23)$$

$$r = 0{,}536 \qquad s_R = 0{,}500$$

mit G_R in N/mm^2; ρ_0 in kg/m^3; t_q, t_{JR} in mm

$$\ln(f_R) = -0{,}359 + 7{,}21 \cdot 10^{-2} \cdot \ln(G_R) + 9{,}83 \cdot 10^{-4} \cdot \rho_0 + 2{,}46 \cdot 10^{-2} \cdot t_{JR} \qquad (2\text{-}24)$$

$$r = 0{,}315 \qquad s_R = 0{,}210$$

mit f_R, G_R in N/mm^2; ρ_0 in kg/m^3; t_{JR} in mm

Die verhältnismäßig geringen Korrelationskoeffizienten und die großen Vertrauensintervalle der beiden Regressionsgleichungen lassen vermuten, dass neben den verwendeten Regressoren weitere physikalische oder strukturelle Eigenschaften existieren, mit denen ein Teil der Streuung der beiden Größen erklärt werden kann. Zur Ermittlung dieser Eigenschaften und ihres Einflusses müssten jedoch Versuchsreihen durchgeführt werden, bei denen systematisch bereits bekannte oder mögliche Einflussgrößen konstant gehalten werden. Die in den Versuchen ermittelten Rollschubmoduln und Rollschubfestigkeiten sind in Bild 2-57 bzw. Bild 2-58 über den Vorhersagewerten nach den Gleichungen (2-23) und (2-24) aufgetragenen. Die 95%-Vertrauensgrenzen sind ebenfalls angegeben.

Von den in den beiden Regressionsgleichungen verwendeten Regressoren sind im Rechenmodell nur die Rohdichte und die Brettdicke verfügbar. Für die Simulation des Rollschubmoduls und der Rollschubfestigkeit muss daher die Jahrringbreite anhand der experimentell ermittelten Häufigkeitsverteilung mit Hilfe der Monte-Carlo Methode zufällig erzeugt werden.

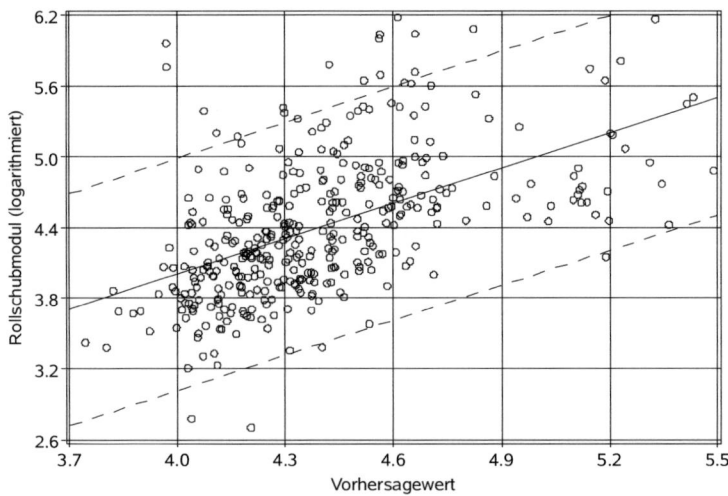

Bild 2-57 Logarithmus des statisch gemessenen Rollschubmoduls über dem
Vorhersagewert nach Gleichung (2-23) mit 95%-Vertrauensgrenzen

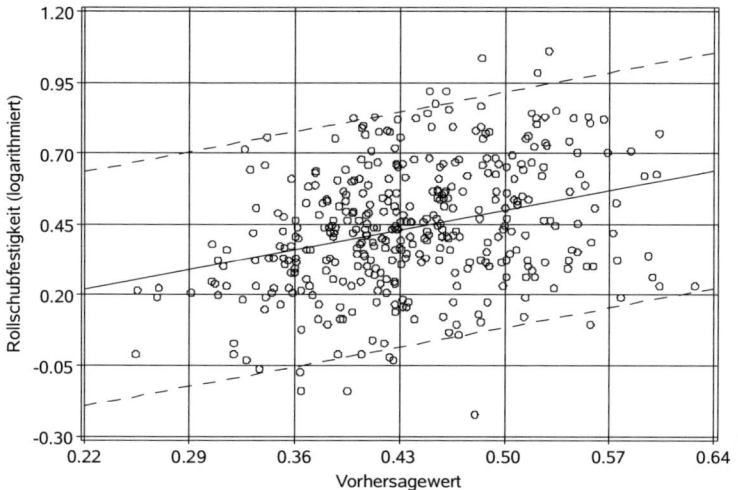

Bild 2-58   Logarithmus der Rollschubfestigkeit über dem Vorhersagewert nach
Gleichung (2-24) mit 95%-Vertrauensgrenzen

Die Mittelwerte der durch Schwingungsmessung und Druckscherversuche ermittelten Rollschubmoduln unterscheiden sich trotz der großen
Anzahl der Messwerte in beiden Versuchsreihen deutlich. Der Grund
für die Abweichungen ist zu einem großen Anteil in den verwendeten
Messverfahren zu sehen. Wegen der Abhängigkeit von der Jahrringlage ist der Rollschubmodul in Richtung der Brettbreite nicht konstant.
Während bei den Druckscherversuchen die Verzerrung über die Höhe
h der Prüfkörper (vgl. Bild 2-51) annähernd konstant ist und damit ein
über die Brettbreite gemittelter Rollschubmodul gemessen wird, sind
bei der ersten Grundschwingung die Verzerrungen in den beiden mittleren Vierteln der Prüfkörperlänge am größten. Der Rollschubmodul in
diesen Bereichen hat daher einen größeren Einfluss auf die gemessenen Eigenfrequenzen als der Rollschubmodul in der Mitte und am
Rand der Prüfkörperlänge.

2.3   Ergebnisse der numerischen Simulation

2.3.1   Hochkantbiegefestigkeit von Brettlamellen

Um zu überprüfen, ob die Hochkantbiegefestigkeit bei Verwendung der Regressionsgleichungen (2-15) und (2-16) im Rechenmodell zutreffend abgebildet wird, wurden zunächst Versuche mit einzelnen, hochkant auf Biegung beanspruchten Brettern simuliert. Die Ergebnisse der numerischen Simulation wurden anschließend mit den experimentell ermittelten Biegefestigkeiten (s. Abschnitt 2.2.4) verglichen. Die Häufigkeitsverteilungen der simulierten Hochkantbiegefestigkeit für visuell sortierte Bretter der Sortierklassen S10 und S13 sind in Bild 2-59 und Bild 2-60 angegeben. In Tabelle 2-15 sind die Mittelwerte und 5%-Quantilen der simulierten Biegefestigkeiten den experimentell ermittelten Werten gegenübergestellt. Der Vergleich der Werte zeigt eine sehr gute Übereinstimmung für Bretter der Sortierklasse S10. Bei den Brettern der Sortierklasse S13 sind die Abweichungen zwischen den simulierten und den experimentell ermittelten Werten mit 9% bzw. 12% etwas größer. In Anbetracht der großen Streuung der Biegefestigkeit und der verhältnismäßig geringen Anzahl der Versuchswerte ist jedoch auch hier die Übereinstimmung gut, zumal die simulierten Werte innerhalb der 95%-Vertrauensgrenzen liegen.

Tabelle 2-15   *Gegenüberstellung von simulierten und experimentell ermittelten Hochkantbiegefestigkeiten einzelner Bretter, Biegeversuche nach DIN EN 408 mit L = 2700 mm und h = 150 mm*

	Sortierklasse nach DIN 4074-1	Anzahl	Mittel- wert $f_{m,mean}$ in N/mm²	95%- Vertrauens- grenzen in N/mm²	5%- Quantil $f_{m,05}$ in N/mm²	95%- Vertrauens- grenzen in N/mm²
Simulation	S10	1000	30,1	*n* = 1000!	15,0	*n* = 1000!
Versuch		48	32,5	27,0 … 34,0	15,8	12,8 … 18,3
Verhältnis			0,93		0,95	
Simulation	S13	1000	40,0	*n* = 1000!	19,4	*n* = 1000!
Versuch		30	44,1	35,7 … 47,4	22,1	16,9 … 26,3
Verhältnis			0,91		0,88	

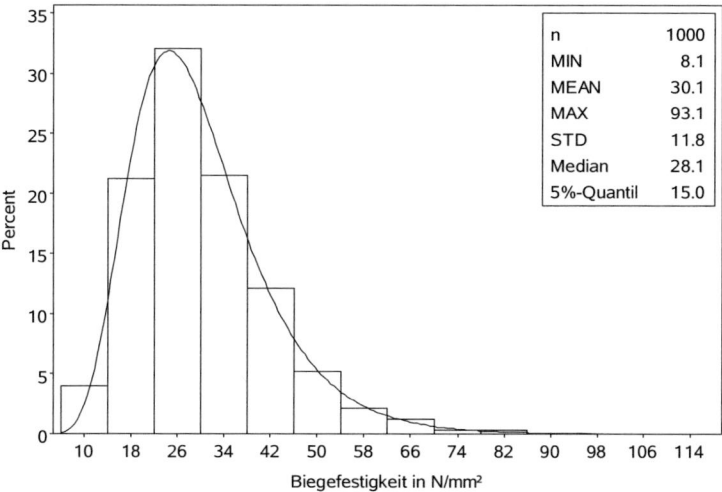

Bild 2-59 Häufigkeitsverteilung der simulierten Hochkantbiegefestigkeit für einzelne Bretter der Sortierklasse S10

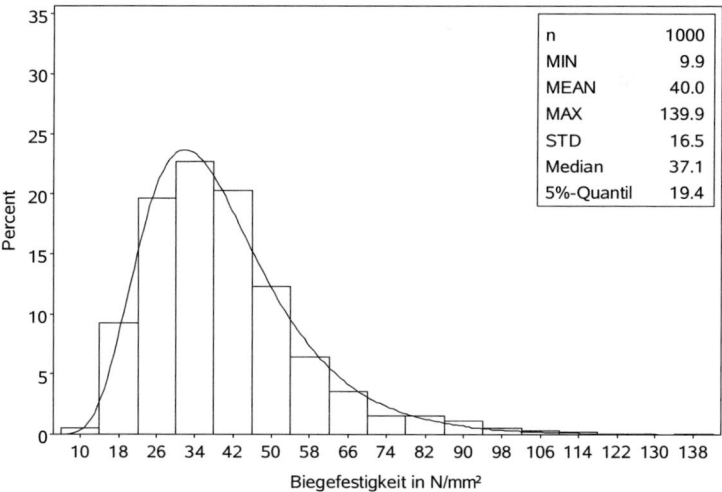

Bild 2-60 Häufigkeitsverteilung der simulierten Hochkantbiegefestigkeit für einzelner Bretter der Sortierklasse S13

Zur Überprüfung der für die Formulierung des Versagenskriteriums in der Biegezugzone angenommenen linearen Interaktion von Biege- und Zugspannungsanteilen wurde die Biegefestigkeit von Trägern mit zwei bis sechs Längslagen und bis zu drei Lamellen je Längslage simuliert und den Ergebnissen der in Abschnitt 2.1 beschriebenen Versuche gegenübergestellt. Die simulierten Biegefestigkeiten wurden dabei, wie auch die experimentell ermittelten Werte, auf den Querschnitt der Längslagen bezogen.

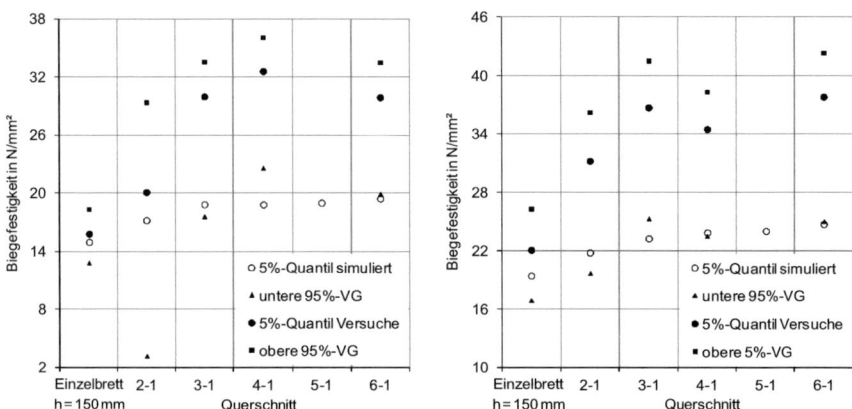

Bild 2-61   experimentell ermittelte und simulierte 5%-Quantile der Biegefestigkeit
            für Querschnitte mit h = 150 mm und einer Lamelle je Längslage aus
            Brettern der Sortierklasse S10 (links) und S13 (rechts) mit
            95%-Vertrauensgrenzen für die Versuchswerte

Für Querschnitte mit einer Lamelle je Längslage liegen die simulierten Biegefestigkeiten deutlich unter den experimentell ermittelten Werten (vgl. Bild 2-61). Der bei diesen Querschnitten in den Versuchen ermittelte Anstieg der Biegefestigkeit mit zunehmender Anzahl der Längslagen kann mit Hilfe des Rechenmodells nicht im selben Maß wiedergegeben werden. Die Ursache hierfür wird in dem im Rechenmodell verwendeten Versagenskriterium gesehen: Bei der Simulation von Querschnitten mit nur einer Lamelle je Längslage wird für den gesamten Träger das ansonsten nur für die Zugzone verwendete Versagenskriterium nach Gleichung (2-4) verwendet. Erreicht die Randspannung in einer Zelle die simulierte Biegefestigkeit fällt diese Zelle über die gesamte Brettbreite aus. In Wirklichkeit werden jedoch nur die Fasern am unteren, unter Zugspannungen stehenden Rand eines Brettes zerstört, sodass in der Biegedruckzone weiterhin Kräfte übertragen werden können. Im Rechenmodell können derzeit die Resttragfähigkeiten in der Druckzone nicht berücksichtigt werden.

2.3.2 Biegefestigkeit von Brettsperrholzträgern

Bei Querschnitten mit mehreren Brettern innerhalb der einzelnen Längslage liefert die Simulation unter Verwendung spröder Versagensmechanismen in der Zugzone bessere Ergebnisse. Für Querschnitte aus Brettern der Sortierklasse S10 mit einer Höhe von 300 mm und zwei Lamellen je Längslage wurden die in Tabelle 2-16 zusammengestellten Biegefestigkeiten simuliert, die sehr gut mit den experimentell ermittelten Werten der entsprechenden Versuchsreihen übereinstimmen.

Tabelle 2-16   *simulierte Biegefestigkeiten in N/mm² für Querschnitte aus Brettern der Sortierklasse S13 mit h = 300 mm und zwei Lamellen je Längslage*

Querschnitt	2-2	3-2	4-2	5-2	6-2
Anzahl	1000	1000	1000	1000	1000
$f_{m,min}$	14,9	16,4	18,0	19,4	18,6
$f_{m,mean}$	27,4	27,2	27,9	27,4	27,3
$f_{m,max}$	47,6	44,1	41,9	39,0	38,4
Std.-abw.	4,9	4,1	3,3	2,9	2,7
$f_{m,k,sim}$	20,2	21,0	22,8	23,0	23,1
$f_{m,k,exp}$	18,5	21,9	-	-	-
Verhältnis	1,09	0,96	-	-	-
95%-VG	9,1 … 22,5	13,5 … 25,0	-	-	-

Für dieselben Querschnitte, jedoch aus Brettern der Sortierklasse S13, ergeben sich die in Tabelle 2-17 zusammengestellten Biegefestigkeiten. Die Übereinstimmung ist hier deutlich schlechter als bei der Sortierklasse S10. Die simulierten 5%-Quantile liegen aber dennoch innerhalb der 95%-Vertrauensintervalle für die experimentell ermittelten Werte. Der sehr hohe Wert für das 5%-Quantil der Versuchsreihe 3-2 ist auf den ungewöhnlich geringen Variationskoeffizienten von 0,07 bei dieser Versuchsreihe zurückzuführen, der im Vergleich mit den Variationskoeffizienten der anderen Versuchsreihen sehr gering erscheint.

Tabelle 2-17   simulierte Biegefestigkeiten in N/mm² für Querschnitte aus Brettern der Sortierklasse S13 mit h = 300 mm und zwei Lamellen je Längslage

Querschnitt	2-2	3-2	4-2	5-2	6-2
Anzahl	1000	1000	1000	1000	1000
$f_{m,min}$	15,6	19,5	24,2	24,1	24,5
$f_{m,mean}$	33,7	33,5	33,8	33,5	33,2
$f_{m,max}$	59,9	56,8	49,8	48,1	44,7
Std.-abw.	6,0	5,1	4,0	3,7	3,5
$f_{m,k,sim}$	24,7	25,8	27,6	27,7	27,9
$f_{m,k,exp}$	29,0	33,0	-	-	-
Verhältnis	0,85	0,78	-	-	-
95%-VG	12,0 … 37,0	25,2 … 35,5	-	-	-

In Bild 2-62 sind die Ergebnisse der numerischen Simulation und der entsprechenden Versuchsreihen in grafischer Form dargestellt.

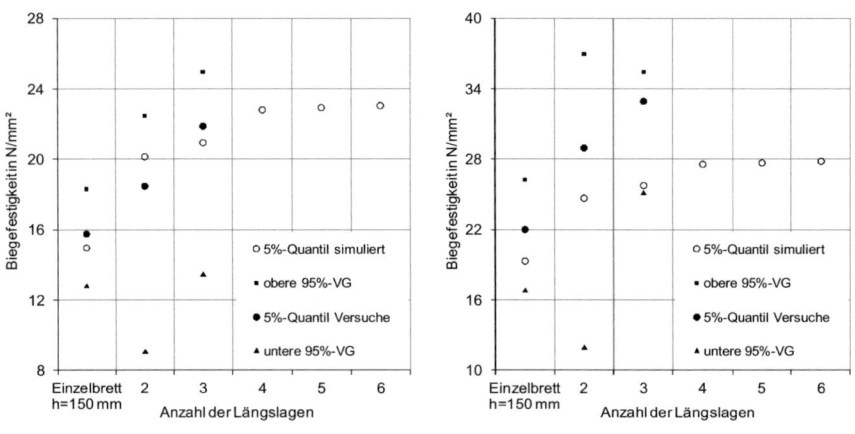

Bild 2-62   experimentell ermittelte und simulierte 5%-Quantile der Biegefestigkeit für Querschnitte mit h = 300 mm und zwei Lamellen je Längslage aus Brettern der Sortierklasse S10 (links) und S13 (rechts) mit 95%-Vertrauensgrenzen für die Versuchswerte

Für Querschnitte mit drei Lamellen je Längslage bei einer Querschnittshöhe von 300 mm sind die Ergebnisse der numerischen Simulation in Tabelle 2-18 angegeben. Wegen der sehr guten Qualität der für die Prüfkörper der Reihe 2-3 verwendeten Brettlamellen, die eine mittlere Rohdichte von ρ_{mean} = 481 kg/m³ aufwiesen, ist der Vergleich der Ergebnisse dieser Versuchsreihe mit den für Bretter der Sortierklasse S13, mit ρ_{mean} = 445 kg/m³, simulierten Biegefestigkeiten nicht sehr aussagekräftig. Zutreffender wäre der Vergleich mit Biegefestigkeiten, die für maschinell sortiertes Brettmaterial höherer Sortier-/Festigkeitsklassen simuliert wurden. Im Rahmen des Forschungsvorhabens war dies aus zeitlichen Gründen allerdings nicht möglich.

Tabelle 2-18   simulierte Biegefestigkeiten in N/mm² für Querschnitte aus Brettern der Sortierklasse S13 mit h = 300 mm und <u>drei</u> Lamellen je Längslage

Querschnitt	2-3	3-3	4-3	5-3	6-3
Anzahl	1000	1000	1000	1000	500
$f_{m,min}$	18,5	22,0	22,7	22,4	23,3
$f_{m,mean}$	34,9	34,6	34,2	34,2	34,2
$f_{m,max}$	61,7	51,1	50,4	46,9	45,7
Std.-abw.	5,6	4,4	4,0	3,5	3,5
$f_{m,k,sim}$	<u>26,6</u>	<u>27,8</u>	<u>28,1</u>	<u>28,7</u>	<u>28,8</u>
$f_{m,k,exp}$	38,8	-	-	-	-
Verhältnis	0,69	-	-	-	-
95%-VG	28,6 … 43,7	-	-	-	-

Die in DIN 1052 [15] und in EN 1194 [16] für Brettschichtholz angegebenen Biegefestigkeiten beziehen sich auf Träger mit einer Referenzhöhe von 600 mm. Um die vom Querschnittsaufbau abhängige Biegefestigkeit von Brettsperrholzträgern mit diesen Werten direkt vergleichen zu können, wurde die Biegefestigkeit von 600 mm hohen Trägern unter Variation der Anzahl der Längslagen und der Anzahl der Lamellen innerhalb der Längslagen simuliert. Die Ergebnisse der numerischen Simulation für Querschnitte aus Brettern der Sortierklasse S10 mit zwei bis sechs Längslagen sind in Tabelle 2-19 bis Tabelle 2-22 zusammengestellt.

Tabelle 2-19   *simulierte Biegefestigkeiten in N/mm² für Querschnitte mit*
                h = 600 mm, zwei bis sechs Längslagen und <u>vier</u> Lamellen
                je Längslage aus Brettern der Sortierklasse S10

Querschnitt	2-4	3-4	4-4	5-4	6-4
Anzahl	1000	1000	1000	1000	1000
$f_{m,min}$	18,4	18,5	19,4	21,0	18,1
$f_{m,mean}$	27,5	27,6	27,4	27,6	27,5
$f_{m,max}$	41,3	38,2	36,9	34,7	36,0
Std.-abw.	3,64	3,09	2,64	2,43	2,20
$f_{m,k,sim}$	<u>21,6</u>	<u>22,6</u>	<u>23,3</u>	<u>23,8</u>	<u>24,0</u>

Tabelle 2-20   *simulierte Biegefestigkeiten in N/mm² für Querschnitte mit*
                h = 600 mm, zwei bis sechs Längslagen und <u>fünf</u> Lamellen
                je Längslage aus Brettern der Sortierklasse S10

Querschnitt	2-5	3-5	4-5	5-5	6-5
Anzahl	1000	1000	1000	1000	1000
$f_{m,min}$	17,3	19,6	21,5	19,6	23,7
$f_{m,mean}$	28,6	28,5	28,9	28,8	28,4
$f_{m,max}$	44,9	37,6	37,1	37,8	34,6
Std.-abw.	3,46	2,85	2,59	2,33	1,98
$f_{m,k,sim}$	<u>23,1</u>	<u>23,9</u>	<u>24,7</u>	<u>25,0</u>	<u>25,1</u>

Tabelle 2-21   *simulierte Biegefestigkeiten in N/mm² für Querschnitte mit*
                h = 600 mm, zwei bis sechs Längslagen und <u>sechs</u> Lamellen
                je Längslage aus Brettern der Sortierklasse S10

Querschnitt	2-6	3-6	4-6	5-6	6-6
Anzahl	1000	1000	1000	1000	1000
$f_{m,min}$	18,4	20,1	21,1	21,7	22,8
$f_{m,mean}$	28,8	28,9	29,2	29,0	28,8
$f_{m,max}$	42,8	39,3	37,4	36,8	35,9
Std.-abw.	3,37	2,74	2,49	2,22	2,05
$f_{m,k,sim}$	<u>23,5</u>	<u>24,4</u>	<u>25,1</u>	<u>25,4</u>	<u>25,7</u>

Tabelle 2-22   *simulierte Biegefestigkeiten in N/mm² für Querschnitte mit h = 600 mm, zwei bis sechs Längslagen und <u>acht</u> Lamellen je Längslage aus Brettern der Sortierklasse S10*

Querschnitt	2-8	3-8	4-8	5-8	6-8
Anzahl	1000	1000	1000	500	500
$f_{m,min}$	19,6	21,6	22,7	24,0	23,9
$f_{m,mean}$	29,2	29,5	29,6	29,8	30,0
$f_{m,max}$	38,7	37,3	37,0	36,1	36,4
Std.-abw.	3,12	2,71	2,23	2,09	1,84
$f_{m,k,sim}$	<u>24,1</u>	<u>25,2</u>	<u>26,1</u>	<u>26,5</u>	<u>26,8</u>

Die grafische Darstellung der simulierten 5%-Quantile der Biegefestigkeit in Bild 2-63 zeigt deutlich die Abhängigkeit der Biegefestigkeit von in Plattenebene beanspruchten Brettsperrholzträgern sowohl von der Anzahl der Längslagen als auch von der Anzahl der Lamellen innerhalb der Längslagen.

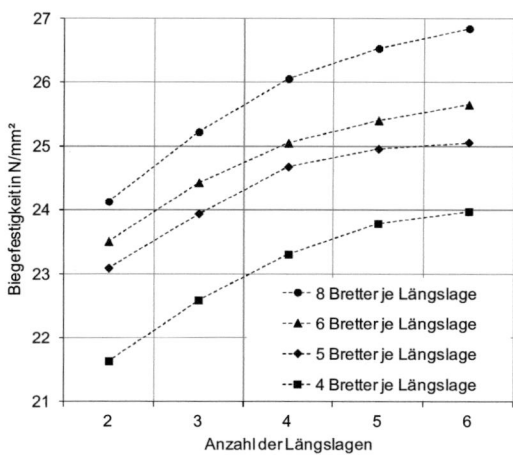

Bild 2-63   *simulierte 5%-Quantile der Biegefestigkeit über der Anzahl der Längslagen für Brettsperrholzquerschnitte mit h = 600 mm und <u>vier bis acht</u> Lamellen je Längslage aus Brettern der Sortierklasse S10*

2.3.3   Zusammenfassung

Die Biegefestigkeit von in Plattenebene beanspruchten Brettsperrholzträgern mit unterschiedlichen Querschnittsabmessungen und Aufbauten
wurde unter Verwendung des in Abschnitt 2.2 beschriebenen Rechenmodells simuliert. Zur Validierung des Rechenmodells wurden die Ergebnisse der numerischen Simulation mit den Versuchsergebnissen aus
Abschnitt 2.1 verglichen. Für Querschnitte mit nur einer Lamelle innerhalb der Längslagen liefert das Rechenmodell aufgrund der verwendeten
Versagenskriterien, die nur rein spröde Versagensmechanismen abbilden, keine zutreffenden Ergebnisse. Für Querschnitte mit mehreren
Lamellen innerhalb der Längslagen ergeben sich, unter Berücksichtigung des geringen Umfangs der zum Vergleich herangezogenen Versuchsreihen, mäßige bis gute Übereinstimmungen zwischen den simulierten und den experimentell ermittelten Biegefestigkeiten. In der Tendenz liegen die simulierten 5%-Quantile unter den experimentell ermittelten charakteristischen Festigkeiten. Die Ursache hierfür liegt möglicher-
weise in der für die Simulation der Biegefestigkeit einzelner Bretter verwendeten Regressionsgleichung, bei deren Ermittlung der Einfluss der in
Brettsperrholz stets vorhandenen Querlagen nicht berücksichtigt wurde.
Da durch die Querlagen eine Ausbreitung von Rissen in Faserrichtung
behindert wird, ist es durchaus denkbar, dass die Biegefestigkeit einzelner Bretter durch das Aufkleben von Querbrettern ansteigt.
Darüber hinaus wurde die Biegefestigkeit von Brettsperrholzträgern aus
Brettern der Sortierklasse S10 mit einer Referenzhöhe von 600 mm in
Abhängigkeit der Anzahl der Längslagen und der Anzahl der Lamellen
innerhalb von Längslagen mit Hilfe des Rechenmodells ermittelt. Für
diese Trägerabmessungen liegen bislang keine vergleichenden Versuchsergebnisse vor.

3 Biegesteifigkeit bei Beanspruchung in Plattenebene

Um den Einfluss der Nachgiebigkeit der Kreuzungsflächen auf die Biegesteifigkeit von Trägern aus Brettsperrholz zu untersuchen, wurden vergleichende Berechnungen an Brettsperrholzträgern und Vollquerschnitten mit äquivalenten Querschnitten durchgeführt. Die äquivalenten Querschnitte hatten die Abmessungen $h \cdot b_{net}$, wobei h die Höhe des betrachteten Brettsperrholzquerschnittes und b_{net} die Summe der Längslagendicken ist. Die zum Vergleich herangezogene Biegesteifigkeit der äquivalenten Vollquerschnitte wurde sowohl mit als auch ohne Berücksichtigung der Schubverformungsanteile ermittelt.

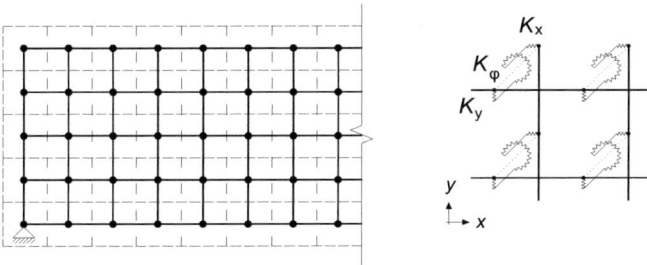

Bild 3-1   Gittermodell zur Berechnung der Verformungen von Brettsperrholzträgern mit Federn K_x, K_y, und K_φ zur Abbildung der Nachgiebigkeit in den Kreuzungsflächen zwischen Längs- und Querlagen

Zur Ermittlung der Biegesteifigkeit der betrachteten Brettsperrholzträger wurde ein Gittermodell aus nachgiebig gekoppelten Stäben verwendet (Bild 3-1), bei dem die Bretter der Längs- und Querlagen durch Balkenelemente und die nachgiebige Kopplung in den Kreuzungsflächen durch Federelemente mit linear-elastischer Kennlinie abgebildet wurden. Die Federsteifigkeiten längs und quer zur Stabachse sowie die Torsionssteifigkeit wurden mit einem Bettungsmodul von $k = 5$ N/mm³ berechnet (vgl. Abschnitt 2.2.2, *Nachgiebigkeit der Kreuzungsflächen*).

$$K_x = K_y = k \cdot A_{KF} \qquad\qquad (3\text{-}1)$$

mit A_{KF} Kreuzungsfläche in mm²

$$K_{\varphi} = k \cdot I_{p,KF}$$

(3-2)

mit $I_{p,KF}$ polares Flächenträgheitsmoment einer Kreuzungsfläche in mm^4

Den zur Abbildung der Brettlamellen in den Längslagen verwendeten Balkenelementen wurden die Dehn- und Biegesteifigkeiten entsprechend der angenommenen Querschnitte der Brettlamellen zugewiesen. Der Elastizitätsmodul wurde dabei mit 11.000 N/mm² angenommen. Die Schubverformung der Brettlamellen wurde durch die Verwendung von Timoshenko-Balken-Elementen berücksichtigt. Das Verhältnis zwischen Elastizitäts- und Schubmodul wurde mit $E / G = 16$ angenommen.

In den Lamellen der Querlagen von Brettsperrholzträgern können, aufgrund des strukturellen Aufbaus von Brettsperrholz, keine nennenswerten Biegeverformungen auftreten. Im Gittermodell haben die Stäbe zur Abbildung der Querlagen jedoch eine freie Biegelänge, die gleich der Brettbreite in den Längslagen ist. Um unrealistische Biegeverformungen in diesen Stäben zu vermeiden, wurden die Balkenelemente der Querlagen mit einer sehr großen Biegesteifigkeit versehen.

Da bei Brettsperrholzquerschnitten mit größer werdender Stützweite auch die Anzahl der Kreuzungsflächen in Richtung der Trägerachse ansteigt, wird der Anteil der durch die Nachgiebigkeit der Fugen verursachten Verformungen mit zunehmender Stützweite kleiner. Mit zunehmender Bauteilhöhe wird hingegen auch die Anzahl der Lamellen innerhalb von Längslagen tendenziell größer. Dies führt wiederum zu einem Anstieg der Schubverformungen bei größeren Stützweiten. Um den Einfluss beider Effekte auf die effektive Biegesteifigkeit von Brettsperrholzträgern zu untersuchen, wurden Querschnitte mit unterschiedlicher Anzahl m der Lamellen innerhalb von Längslagen berechnet.

Aus den berechneten globalen Durchbiegungen in Feldmitte wurden effektive Biegesteifigkeiten ermittelt, die bei den Brettsperrholzträgern auf den Querschnitt der Längslagen bezogen sind. Die Ergebnisse der durchgeführten Berechnungen zeigen, dass die Anzahl der Lamellen je Längslage insgesamt nur wenig Einfluss und für Träger mit $m > 2$ nahezu keinen Einfluss auf die globale Biegesteifigkeit hat. Bei kleinen Stützweiten ergeben sich für die Brettsperrholzträger deutlich geringere Biegesteifigkeiten als für die äquivalenten Vollquerschnitte. Mit zunehmender Stützweite nimmt jedoch der Unterschied rasch ab. Für ein Stützweitenverhältnis von L / h = 18 beträgt die effektive Biegesteifigkeit eines Brettsperrholzträgers etwa 95% des äquivalenten Vollquerschnitts bei Berücksichtigung der Schubverformungsanteile. Werden die Biegesteifigkeiten von Brettsperrholzträgern auf den Gesamtquerschnitt bezogen, ergeben sich Werte, die um den Faktor A = Summe der Längslagendicken / Querschnittsbreite geringer sind.

In Bild 3-2 ist die effektive Biegesteifigkeit von Brettsperrholzträgern, bezogen auf die effektive Biegesteifigkeit der äquivalenten Vollquerschnitte, in Abhängigkeit der Trägerstützweite angegeben. Die Werte wurden für Einfeldträger mit Einzellasten in den Drittelspunkten ermittelt. Für Einfeldträger unter Gleichstreckenlast ergeben sich annähernd identische Verhältnisse.

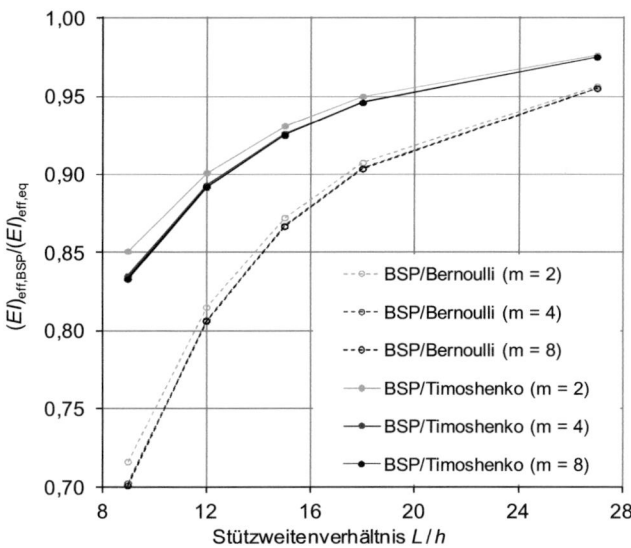

Bild 3-2   *Verhältnis der auf die Längslagen bezogenen effektiven Biegesteifigkeit von Brettsperrholzträgern und der effektiven Biegesteifigkeit äquivalenter Vollquerschnitte*

Zum Vergleich der berechneten Biegesteifigkeiten mit den in Versuchen ermittelten Werten wurde für die Prüfkörper der Reihen 2-2 und 3-2 die Biegesteifigkeit der äquivalenten Vollquerschnitte anhand der Elastizitäts-moduln der einzelnen Lamellen abgeschätzt. Hierfür wurde der mittlere statische Elastizitätsmodul der Lamellen mit dem Flächenträgheitsmoment 2. Ordnung der als starr verbunden angenommenen Lamellen der Längs-lagen multipliziert. Der statische Elastizitätsmodul wurde dabei mit dem 0,95-fachen Wert des gemessenen dynamischen Elastizitätsmoduls an-genommen. Anschließend wurde das Verhältnis der in den Biegeversu-chen aus der Durchbiegung in Feldmitte ermittelten globalen Biegesteifig-keiten $E_{glob,net} \cdot I_{ges}$ und den Biegesteifigkeiten der äquivalenten Vollquer-schnitte $E_{lam,mean} \cdot I_{ges}$ gebildet. Im Mittel ergaben sich ein Verhältniswert von 0,947 für die Prüfkörper der Reihe 2-2 und ein Verhältniswert von 0,963 für die Prüfkörper der Reihe 3-2. Die Werte stimmen sehr gut mit dem Verhältniswert von 0,950 überein, der mit Hilfe des Gittermodells für Quer-schnitte mit zwei Lamellen je Längslage und einer Stützweite von $18h$ berechnet wurde. In Tabelle 3-1 sind die Elastizitätsmoduln und das da-raus ermittelte Verhältnis für die einzelnen Prüfkörper angegeben.

Tabelle 3-1   Experimentell ermittelte Elastizitätsmoduln in N/mm² für Querschnitte mit zwei bzw. drei Längslagen und zwei Lamellen je Längslage

Prüfkörper	Klasse	Reihe 2-2			Reihe 3-2		
		$E_{glob,net}$	$E_{lam,mean}$	Quotient	$E_{glob,net}$	$E_{lam,mean}$	Quotient
1	1	13650	15599	0,875	11610	11935	0,973
2	1	14410	15900	0,906	11410	12209	0,935
3	1	14680	15977	0,919	12660	12901	0,981
4	1	11720	12454	0,941	11470	12352	0,929
5	1	11770	12673	0,929	12570	12634	0,995
6	2	9160	9142	1,002	9190	9305	0,988
7	2	9280	9581	0,969	9580	10011	0,957
8	2	8770	8918	0,983	8840	9410	0,939
9	2	9570	9737	0,983	9250	9499	0,974
10	2	9310	9639	0,966	9240	9674	0,955
Mittelwert		11232	11962	0,947	10582	10993	0,963

4 Schub bei Beanspruchung in Plattenebene

4.1 Mechanisches Modell für Scheiben aus Brettsperrholz

Bei den meisten am Markt verfügbaren Brettsperrholzprodukten sind die Schmalseiten der Bretter, die innerhalb einer Lage nebeneinander liegen, nicht miteinander verklebt. Dies hat den Vorteil, dass bei der Herstellung der Elemente der Pressdruck nur in Richtung der Elementdicke aufgebracht werden muss. Die Bretter einer Lage sind in solchen Elementen nur indirekt über die Klebefugen mit den rechtwinklig angeordneten Brettern benachbarter Lagen miteinander verbunden. Bei Schubbeanspruchung in Scheibenebene können Schubkräfte über die nicht verklebten Fugen zwischen den Brettern einer Lage hinweg, nur indirekt über die Kreuzungsflächen mit den Brettern benachbarter Lagen übertragen werden. Schubbeanspruchungen in Scheibenebene verursachen daher in Brettsperrholzelementen ohne Schmalseitenverklebung nicht nur Schubspannungen in den Brettquerschnitten, sondern auch in den Kreuzungsflächen von rechtwinklig miteinander verklebten Brettlagen. Insgesamt können drei Versagensmechanismen unterschieden werden:

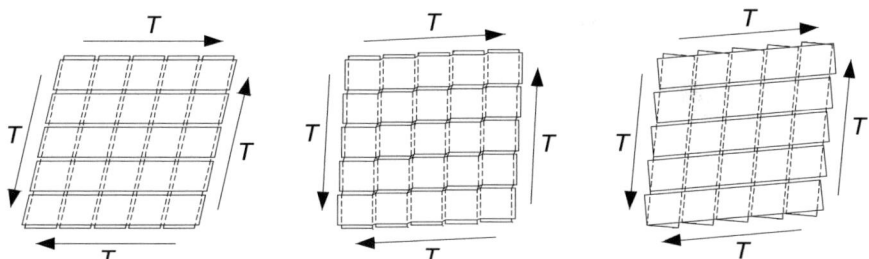

Bild 4-1   *Versagensmechanismen von Brettsperrholzelementen bei Schubbeanspruchung in Plattenebene: Schub im Bruttoquerschnitt (links), Schub im Nettoquerschnitt (Mitte) und Schub in den Kreuzungsflächen (rechts)*

Versagensmechanismus 1:

Durch die Verzerrung der Scheibe entstehen in den Brettern Schubspannungen, die über die Scheibenhöhe konstant angenommen werden und zu einem Versagen in Faserrichtung der Bretter führen können (Schubversagen im Bruttoquerschnitt).

$$\tau_{tot} = \frac{T}{h \cdot t_{tot}} \tag{4-1}$$

Für die charakteristische Schubfestigkeit von Vollholz ist in DIN 1052 [15] ein Wert von 2,0 N/mm², für Brettschichtholz ein Wert von 2,5 N/mm² angegeben. Diese Werte berücksichtigen allerdings signifikante Schwindrisse, die den Querschnitt schwächen. Bei Mehrschichtplatten wurden von Blaß und Fellmoser [17] im Rahmen von Prüfungen für allgemeine bauaufsichtliche Zulassungen charakteristische Schubfestigkeiten von 3,8 N/mm² ermittelt. Die signifikant höheren Werte lassen sich teilweise durch die verhältnismäßig dünnen Brettlagen erklären, die praktisch keine Schwindrisse aufweisen. Darüber hinaus wird durch die Sperrwirkung der Querlagen das Auftreten großer Einzelrisse behindert. Für die Ermittlung der auf den Bruttoquerschnitt bezogenen Schubtragfähigkeit von Brettsperrholz wird daher eine charakteristische Schubfestigkeit von $f_{v,1,k} = 3,5$ N/mm² vorgeschlagen.

Versagensmechanismus 2:

In den Fugen zwischen den nicht miteinander verklebten Brettern einer Lage steht für die Übertragung der Schubkräfte nur der Querschnitt der rechtwinklig zur betrachteten Fuge verlaufenden Brettlagen zur Verfügung. Die in den Fugen quer zur Faserrichtung wirkenden Schubspannungen können zu einem Abscheren quer zur Faser führen (Schubversagen im Nettoquerschnitt).

$$\tau_{net} = \frac{T}{h \cdot t_{net}} \tag{4-2}$$

Obwohl die Schubspannungen im Nettoquerschnitt deutlich größer sind als die Schubspannungen beim Versagen im Bruttoquerschnitt, werden sie nur bei Aufbauten maßgebend, bei denen der Anteil der Brettlagen in einer der beiden Richtungen sehr gering ist, da die Schubfestigkeit bei Abscherbeanspruchungen rechtwinklig zur Faserrichtung deutlich größer ist als die Schubfestigkeit in Faserrichtung. Jöbstl et al. [18] haben durch Versuche an Brettsperrholz einen Mittelwert von 12,8 N/mm² und ein 5%-Quantil von 10,3 N/mm² ermittelt.

Versagensmechanismus 3:

Die Verzerrungen in Scheibenebene bewirken eine gegenseitige Verdrehung rechtwinklig gekreuzter Brettlagen. Dadurch entstehen in den Kreuzungsflächen Torsionsschubspannungen, die zu einem Versagen in den Kreuzungsflächen führen können. Nach Blaß und Görlacher [7] kann das äußere, auf die Scheibe einwirkende Moment im Verhältnis der Torsionssteifigkeiten auf die einzelnen Kreuzungsflächen aufgeteilt werden. Desweiteren gehen sie davon aus, dass rechtwinklig zur Faserrichtung wirkende Schubspannungen zum Versagen führen. Die in allen Kreuzungsflächen gleich große Schubspannungskomponente rechtwinklig zur Faserrichtung kann nach Gleichung (4-3) berechnet werden.

$$\tau_{tor} = \frac{T \cdot h}{\Sigma I_{p,KF}} \cdot \frac{a_{KF}}{2} \qquad (4\text{-}3)$$

In Versuchen an rechtwinklig miteinander verklebten Brettern haben Blaß und Görlacher [7] eine mittlere Torsionsschubfestigkeit von 3,6 N/mm² bei einem Kleinstwert von 2,6 N/mm² ermittelt. Auf der Grundlage dieser Werte wurde eine charakteristische Torsionsschubfestigkeit von 2,5 N/mm² vorgeschlagen.

Neben den Torsionsschubspannungen können in den Kreuzungsflächen entlang der Ränder der Scheibe zusätzliche, durch die Lasteinleitung verursachte Schubspannungen parallel zu den Scheibenrändern auftreten:

$$\tau_{x} = \frac{T}{n \cdot A_{KF}} \qquad (4\text{-}4)$$

$$\tau_y = \frac{h}{\ell} \cdot \frac{T}{m \cdot A_{KF}}$$

(4-5)

Im Gegensatz zu den Torsionsschubspannungen τ_{tor}, die nur lokal rechtwinklig zur Faserrichtung wirken, sind die Schubspannungen τ_x und τ_y in einer der beiden Kontaktflächen stets rechtwinklig zur Faserrichtung gerichtet. Es wird daher vorgeschlagen, diese Spannungen mit der charakteristischen Rollschubfestigkeit der Bretter $f_R = 1,0$ N/mm² nachzuweisen.

In den Gleichungen (4-1) bis (4-5) bedeuten:

T	einwirkende Schubkraft
τ_{tot}	Schubspannung im Bruttoquerschnitt
t_{tot}	Elementdicke, Summe aller Brettlagendicken
τ_{net}	Schubspannung im Nettoquerschnitt
t_{net}	Summe der Längs- bzw. Querlagendicken, wobei der kleinere Wert maßgebend ist
τ_{tor}	Torsionsschubspannung in den Kreuzungsflächen
τ_x	Schubspannung in x-Richtung in den Kreuzungsflächen
τ_y	Schubspannung in y-Richtung in den Kreuzungsflächen
h	Höhe der Scheibe
ℓ	Länge der Scheibe
a_{KF}	größere Seitenlänge einer Kreuzungsfläche
m	Anzahl der Bretter in horizontalen Brettlagen
n	Anzahl der Bretter in vertikalen Brettlagen
$I_{p,KF}$	polares Trägheitsmoment einer Kreuzungsfläche

$$I_{p,KF} = \frac{b_v \cdot b_h^3}{12} + \frac{b_h \cdot b_v^3}{12}$$

$\Sigma I_{p,KF}$	Summe der polaren Trägheitsmomente aller Kreuzungsflächen
A_{KF}	Kreuzungsfläche $A_{KF} = b_v \cdot b_h$

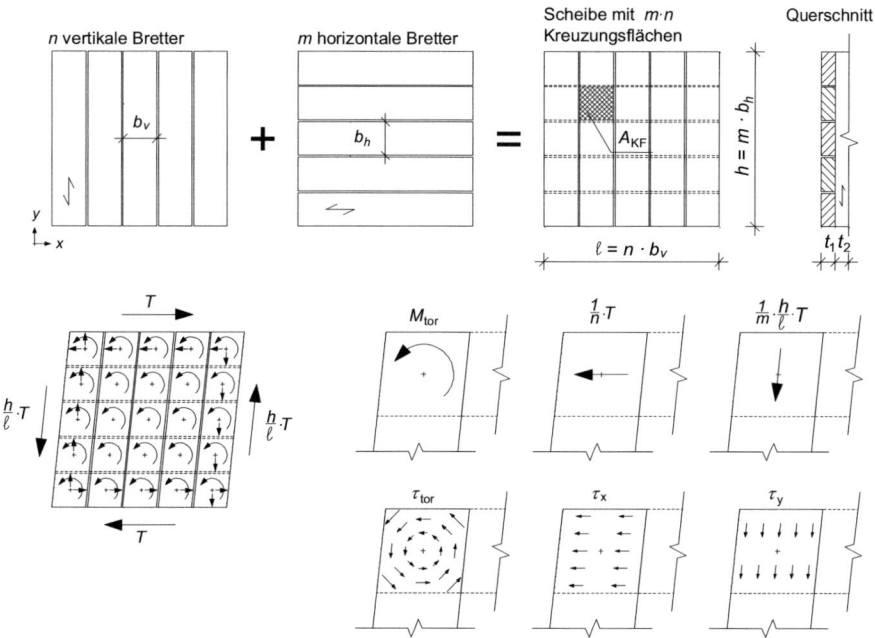

Bild 4-2   Beanspruchungen in den Kreuzungsflächen von in Plattenebene beanspruchten Scheiben aus Brettsperrholz

Beim Nachweis der Schubspannungen in den Kreuzungsflächen sind die einzelnen Spannungskomponenten zu überlagern. Als Versagenskriterien werden die beiden Bedingungen nach Gleichung (4-6) vorgeschlagen, die in den nachfolgenden Kapiteln anhand von Versuchsergebnissen überprüft werden (siehe Abschnitt 4.4, Abschnitt 4.5 und Abschnitt 4.6):

$$\frac{\tau_{tor}}{f_{v,tor}} + \frac{\tau_x}{f_R} \le 1 \quad \text{und} \quad \frac{\tau_{tor}}{f_{v,tor}} + \frac{\tau_y}{f_R} \le 1 \qquad (4\text{-}6)$$

4.2 Mechanisches Modell für stabförmige Bauteile

Bei stabförmigen Bauteilen aus Brettsperrholz, die in Plattenebene auf Biegung beansprucht werden, können – wie bei in Plattenebene beanspruchten Scheiben – die Versagensmechanismen 1 bis 3 auftreten. Während zur Ermittlung der mit den Versagensmechanismen 1 und 2 verbundenen Schubspannungen lediglich die Schubkraft T durch die 1,5-fache Querkraft V eines Stabes ersetzt werden muss, sind zur Ermittlung der Schubspannungen in den Kreuzungsflächen von stabförmigen Bauteilen von den oben beschriebenen Ansätzen für scheibenartige Bauteile abweichende Überlegungen erforderlich.

Zur Ermittlung der Spannungen in den einzelnen Brettern und in den Kreuzungsflächen von miteinander verklebten Längs- und Querlagen können stabförmige Bauteile aus Brettsperrholz als Verbundquerschnitte mit mehreren übereinander angeordneten Querschnittsteilen betrachtet werden. Die Teilquerschnitte der Verbundträger bilden dabei die in Richtung der Querschnittshöhe übereinander angeordneten Bretter der Längslagen. Der Verbund zwischen den Teilquerschnitten wird über die Kreuzungsflächen der Längsbretter mit den rechtwinklig dazu angeordneten Brettern der Querlagen hergestellt. Sind die Bauteile hinreichend schlank (etwa $L / h \geq 15$) kann die Nachgiebigkeit der Klebefugen bei der Ermittlung der Schnittgrößen und der Spannungsverteilung vernachlässigt werden.

Bei auf Biegung beanspruchten Verbundträgern wirken in den Fugen zwischen den einzelnen Querschnittsteilen Schubkräfte, die aus den unterschiedlichen Längsspannungen der einzelnen Bretter resultieren. Bei stabförmigen Bauteilen aus Brettsperrholz, bei denen die Bretter der Längslagen an den Schmalseiten nicht miteinander verklebt sind, müssen die aus der Verbundwirkung resultierenden Schubkräfte zwischen den Längsbrettern über die Kreuzungsflächen mit benachbarten Querlagen übertragen werden. In den Kreuzungsflächen entstehen dadurch in Trägerlängsrichtung wirkende Schubspannungen.

Wegen der gegenseitigen Verdrehung der rechtwinklig miteinander verklebten Brettlagen wirken außerdem Torsionsmomente in den Kreuzungsflächen. Da die Querbretter keine freien Längen zwischen den

Kreuzungsflächen aufweisen, in denen nennenswerte Biegeverformungen auftreten könnten, werden die Stabachsen der Querbretter als starr angenommen, sodass die Verdrehung zwischen Längs- und Querlagen über die Querschnittshöhe konstant ist. Die Torsionsmomente in den Kreuzungsflächen sind dann, wie bei den Scheiben, gleichmäßig über die Querschnittshöhe verteilt.

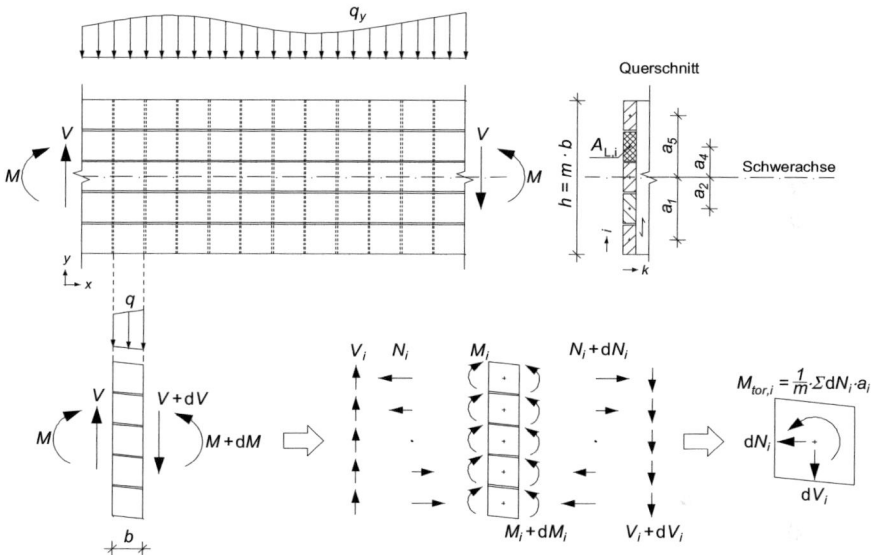

Bild 4-3   Aus der Verbundwirkung resultierende Beanspruchung der Kreuzungsflächen bei auf Biegung beanspruchten, stabförmigen Bauteilen aus Brettsperrholz durch Torsionsmomente, Normalkräfte und Querkräfte

Da die Querlagen aufgrund ihrer Orientierung eine deutlich höhere Steifigkeit in Richtung der Querschnittshöhe aufweisen als die Längslagen, erfolgt die Einleitung von Querlasten und Auflagerkräften, sofern diese über Kontakt übertragen werden, nahezu vollständig über die Hirnholzflächen der Querbretter. In den Kreuzungsflächen entstehen dadurch zusätzliche, quer zur Stabachse gerichtete Schubspannungen.
Bei gleichen Brettbreiten in allen Lagen sowie unter der Annahme einheitlicher Elastizitäts- und Schubmoduln der Bretter, lassen sich die Schubspannungsanteile wie folgt angeben:

Torsionsschubspannung:

$$\tau_{tor} = \frac{\displaystyle\sum_{i=1}^{m} M_{tor,i}}{\displaystyle\sum_{i=1}^{m} I_{p,KF}} \cdot \frac{b}{2} \cdot \frac{1}{n_{KF}} \tag{4-7}$$

mit
$$\sum_{i=1}^{m} M_{tor,i} = \sum_{i=1}^{m} dN_i(x) \cdot a_i = \sum_{i=1}^{m} \frac{dM(x)}{I_{L,ges}} \cdot a_i^2 \cdot \Sigma A_{L,i}$$

$$dN_i(x) = \frac{dM(x)}{I_{ges,\ell}} \cdot a_i \cdot \Sigma A_{L,i}$$

$$\frac{dM(x)}{dx} = \frac{dM(x)}{b} = V(x)$$

$$I_{L,ges} = \frac{\Sigma t_L \cdot (m \cdot b)^3}{12}$$

$$\Sigma A_{L,i} = \Sigma t_L \cdot b$$

folgt daraus

$$\tau_{tor} = \frac{36 \cdot V}{m^4 \cdot b^4} \cdot \sum_{i=1}^{m} a_i^2 \cdot \frac{1}{n_{KF}} \tag{4-8}$$

mit
$$\sum_{i=1}^{m} a_i^2 = b^2 \cdot \sum_{i=1}^{m} \left(\frac{m+1}{2} - i \right)^2 = b^2 \cdot \frac{(m^3 - m)}{12}$$

ergibt sich schließlich

$$\tau_{tor} = \frac{3 \cdot V}{b^2} \cdot \left(\frac{1}{m} - \frac{1}{m^3} \right) \cdot \frac{1}{n_{KF}} \tag{4-9}$$

Dabei ist

b Brettbreite in Längs- und Querlagen

$\Sigma A_{L,i}$ Summe der Querschnittsflächen der Längsbretter in Höhe des i-ten Längsbrettes

a_i Abstand des Teilflächenschwerpunktes des i-ten Längsbrettes vom Schwerpunkt des Gesamtquerschnitts

m Anzahl der übereinander angeordneten Bretter innerhalb der Längslagen

$t_{L,k}$ Dicke der k-ten Längslage

Σt_L Summe der Längslagendicken

n_{KF} Anzahl der Kreuzungsflächen zwischen Längs- und Querlagen in Richtung der Bauteildicke

$dN_i(x)$ Differential der Normalkraft im i-ten Brett an der Stelle x hier: die Änderung der Normalkraft innerhalb der Länge b

$dM(x)$ Differential des Biegemomentes im Träger an der Stelle x hier: die Änderung des Biegemomentes innerhalb der Länge b

$V(x)$ Querkraft an der Stelle x

Schubspannung in Richtung der Trägerachse:

$$\tau_x = \frac{dN_i}{n_{KF,k} \cdot A_{KF}} = \frac{dM(x)}{I_{ges}} \cdot \frac{a_{i,max} \cdot A_{L,k}}{n_{KF,k} \cdot A_{KF}} \qquad (4\text{-}10)$$

mit

$$I_{ges} = \frac{\Sigma t_L \cdot (m \cdot b)^3}{12}$$

$$A_{L,k} = t_{L,k} \cdot b$$

$$A_{KF} = b^2$$

$$a_{i,max} = \frac{m-1}{2} \cdot b$$

und $\dfrac{dM(x)}{dx} = \dfrac{dM(x)}{b} = V(x)$

folgt daraus

$$\tau_x = \frac{6 \cdot V \cdot t_{L,k}}{\Sigma t_L \cdot b^2} \cdot \left(\frac{1}{m^2} - \frac{1}{m^3} \right) \cdot \frac{1}{n_{KF,k}} \qquad (4\text{-}11)$$

Dabei ist

$n_{KF,k}$ Anzahl der Klebefugen zwischen der k-ten Längslage und benachbarten Querlagen, wobei $n_{KF,k} = 1$ für Rand-/Decklagen und $n_{KF,k} = 2$ für Mittellagen

$a_{i,max}$ Abstand des Teilflächenschwerpunktes des obersten/untersten Längsbrettes ($i = 1$ und $i = m$) vom Schwerpunkt des Gesamtquerschnitts

Schubspannung quer zur Trägerachse:

Die durch äußere Lasten verursachten Schubspannungen quer zur Trägerachse können berechnet werden als:

$$\tau_y = \frac{q_y}{h} = \frac{q_y}{m \cdot b} \qquad (4\text{-}12)$$

Dabei ist

h Trägerhöhe

q_y äußere Last, bei Einzellasten und Auflagerkräften gilt $q_y = F / \ell_A$

mit F_y in Richtung der Querbretter wirkende Kraft

ℓ_A Länge der Lasteinleitungs- oder Auflagerfläche

Im Bereich von Querschnittsänderungen, wie sie bei Trägern mit Ausklinkungen, Durchbrüchen und angeschnittenen Rändern vorkommen, können neben lokalen Spannungsspitzen auch weitere, quer zur Bauteilachse gerichtete Schubspannungen in den Kreuzungsflächen auftreten.

Ansätze zur Ermittlung dieser Schubspannungsanteile werden in den nachfolgenden Abschnitten bei der Betrachtung der jeweiligen Träger-formen beschrieben und anhand der Ergebnisse der durchgeführten Versuche überprüft.

Herstellungsbedingt konnte die Forderung gleicher Brettbreiten nicht bei allen Prüfkörpern eingehalten werden. Dies wirkt sich insbesondere auf die Auswertung der Torsionsschubspannungen in den Kreuzungsflächen rechtwinklig miteinander verklebter Brettlagen aus. Bei den betroffenen Prüfkörpern wurden daher die nach Gleichung (4-9) berechneten Torsi-onsschubspannungen wie nachfolgend beschrieben angepasst.

Berücksichtigung unterschiedlicher Brettbreiten

Die Gleichungen (4-9), (4-11) und (4-12) gelten unter der Voraussetzung gleicher Brettbreiten in allen Lagen. Bei Bauteilen mit unterschiedlichen Brettbreiten in den Längs- und Querlagen ($b_Q \neq b$) kann die Schubspan-nungskomponente τ_{tor} wie folgt angepasst werden:

$$\tau_{tor} = k_b \cdot \tau_{tor,*} \qquad (4\text{-}13)$$

mit $\quad k_b = \dfrac{b_{max}}{b} \cdot \dfrac{2 \cdot b^2}{b^2 + b_Q^2}$

$\quad\quad\quad \tau_{tor,*} \quad$ Torsionsschubspannung nach Gleichung (4-9)

$\quad\quad\quad b \quad$ Brettbreite in den Längslagen

$\quad\quad\quad b_Q \quad$ Brettbreite in den Querlagen

Sind die Brettbreiten innerhalb der Längslagen unterschiedlich groß, gilt für die Torsionsschubspannung:

$$\tau_{tor} = 6 \cdot \frac{V \cdot b_Q}{h^3} \cdot \frac{\sum\limits_{i=1}^{m} a_i^2 \cdot b_{L,i}}{\sum\limits_{i=1}^{m} I_{p,i}} \cdot b_{max} \qquad (4\text{-}14)$$

In Gleichung (4-14) bedeuten:

b_{max} $= \max\{b\,;b_Q\}$

$b_{L,i}$ Breite des i-ten Längsbrettes

h $= \sum_{i=1}^{m} b_{L,i} = $ Trägerhöhe

a_i Abstand des Teilflächenschwerpunktes des i-ten Längsbrettes vom Schwerpunkt des Gesamtquerschnitts

$\Sigma I_{p,i}$ Summe der polaren Flächenträgheitsmomente in einem Stababschnitt der Länge b_Q

Die in den Kreuzungsflächen wirkende Schubspannung in Richtung der Trägerachse ist proportional zum Abstand zwischen dem Schwerpunkt einer Kreuzungsfläche und der Schwerachse des Querschnitts. Die maximale Schubspannung tritt daher stets in den Kreuzungsflächen des obersten oder untersten Längsbrettes auf. Bei unterschiedlichen Brettbreiten in den Längslagen kann die Schubspannungskomponente in x-Richtung nach Gleichung (4-15) berechnet werden:

$$\tau_x = 12 \cdot \frac{V \cdot t_{L,k} \cdot a_{i,max}}{h^3 \cdot \Sigma t_L \cdot n_{KF,k}} \qquad (4\text{-}15)$$

In Gleichung (4-15) bedeutet:

$a_{i,max}$ Abstand des Teilflächenschwerpunktes des obersten/untersten Längsbrettes vom Schwerpunkt des Gesamtquerschnitts

4.3   Träger mit angeschnittenem Rand

4.3.1   Allgemeines

Aufgrund der geringen Festigkeitskennwerte von Nadelholz quer zur Faserrichtung nehmen die Biegetragfähigkeiten von Brettschichtholzträgern, deren Rand schräg zur Faserrichtung verläuft, bereits bei kleinen Anschnittwinkeln deutlich ab. Beim Nachweis der Biegespannungen an angeschnittenen Rändern mit den in DIN 1052 angegebenen Faktoren $k_{\alpha,c}$ nach Gleichung (4-16) und $k_{\alpha,t}$ nach Gleichung (4-17) wird implizit auch der Nachweis der an diesen Rändern auftretenden Schub- und Querdruck- bzw. Querzugspannungen geführt.

$$k_{\alpha,c} = \sqrt{\dfrac{1}{\left(\dfrac{f_m}{f_{c,90}} \cdot \sin^2\alpha\right)^2 + \left(\dfrac{f_m}{1,5 \cdot f_v} \cdot \sin\alpha \cdot \cos\alpha\right)^2 + \cos^4\alpha}} \qquad (4\text{-}16)$$

$$k_{\alpha,t} = \sqrt{\dfrac{1}{\left(\dfrac{f_m}{f_{t,90}} \cdot \sin^2\alpha\right)^2 + \left(\dfrac{f_m}{f_v} \cdot \sin\alpha \cdot \cos\alpha\right)^2 + \cos^4\alpha}} \qquad (4\text{-}17)$$

Da bei Brettsperrholzträgern, die in Richtung der Plattenebene beansprucht werden, aufgrund der Querlagen sowohl die Schubfestigkeit als auch die Zug- und Druckfestigkeit in Richtung der Querlagen deutlich größer sind als bei Brettschichtholz, sind für Brettsperrholzträger mit angeschnittenen Rändern höhere Tragfähigkeiten zu erwarten als bei vergleichbaren Brettschichtholzträgern.

4.3.2   Versuchsmaterial

Zur Ermittlung der Tragfähigkeit von Brettsperrholzträgern mit schräg zur Faserrichtung angeschnittenen Rändern wurden insgesamt 20 Satteldachträger in Bauteilgröße hergestellt und geprüft. Dabei wurden Träger mit angeschnittenem Rand in der Biegedruckzone (Versuchsreihen RO) und der Biegezugzone (Versuchsreihen RU) mit jeweils zwei unterschiedlichen Faseranschnittwinkeln untersucht. Bei der Auswertung der Versuche standen damit vier Stützstellen zur Ermittlung eines Zusammenhanges zwischen dem Faseranschnittwinkel und der Biegefestigkeit zur Verfügung.

Tabelle 4-1   Abmessungen der Prüfkörper für die Versuchsreihen mit Trägern mit angeschnittenem Rand

Reihe	Höhe Auflager h_s	Höhe First h_{ap}	Breite Σt	Stützweite L	Anzahl Lagen n_L	Lagendicke längs/quer t_ℓ / t_q
	in mm	in mm	in mm	in mm	-	in mm
RO 600	300	600	150	5800	6	30 / 15
RU 600						
RO 900	300	900	150	6800	6	30 / 15
RU 900						

Reihen RO 600 und RU 600

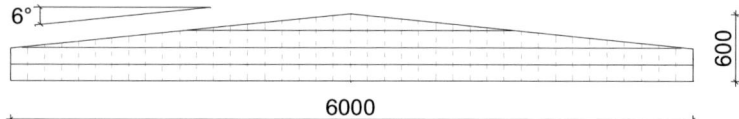

Reihen RO 900 und RU 900

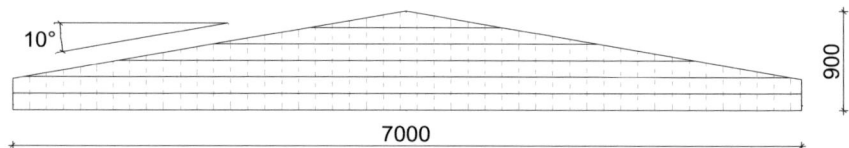

Bild 4-4   Abmessungen der geprüften Träger mit angeschnittenem Rand in mm

Für die beiden geprüften Trägerformen wurde der gleiche Lagenaufbau, bestehend aus vier jeweils 30 mm dicken Längs- und zwei jeweils 15 mm dicken Querlagen, gewählt (siehe Bild 4-5). Alle Prüfkörper wurden aus Brettern mit einer Breite von 150 mm hergestellt. Ursprünglich war vorgesehen, bei allen Prüfkörpern an den nicht angeschnittenen Rändern ganze, der Länge nach nicht aufgetrennte Bretter anzuordnen. Herstellungsbedingt konnte diese Forderung bei den 900 mm hohen Trägern nicht erfüllt werden, sodass bei diesen Trägern der Länge nach aufgetrennte Bretter unterschiedlicher Breite an den parallel zu den Längslagen verlaufenden Querschnittsrändern vorhanden waren.

Tabelle 4-2   *Breite der Längslamellen am Rand parallel zur Faserrichtung bei den Prüfkörpern der Reihen RO/RU 600 und RO/RU 900 in mm*

Reihe	Prüfkörper Nr.				
	1	2	3	4	5
RO 600	150	150	150	150	150
RU 600	150	150	150	150	150
RO 900	3 x 48 1 x 122	3 x 40 1 x 119	3 x 92 1 x 17	3 x 92 1 x 15	3 x 34 1 x 104
RU 900	3 x 98 1 x 24	3 x 55 1 x 131	3 x 102 1 x 26	3 x 54 1 x 132	3 x 113 1 x 41

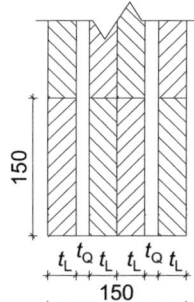 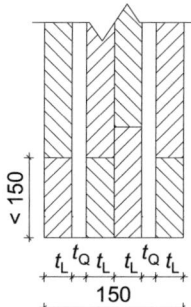

Bild 4-5   *Lagenaufbau und Brettbreiten der Träger mit angeschnittenem Rand, links: Reihen RO 600 und RU 600, rechts: Reihen RO 900 und RU 900 (Maße in mm)*

Die Herstellung der Prüfkörper erfolgte in zwei verschiedenen Unternehmen. Für die Lamellen der Längs- und Querlagen sollten gemäß der Versuchsplanung Bretter der Sortierklasse S10 / Festigkeitsklasse C24

verwendet werden. Da vor dem Verkleben der Prüfkörper keine Brettdaten ermittelt werden konnten, wurden zur Überprüfung der Brettqualität
nach der Versuchsdurchführung die Rohdichte und die Holzfeuchte aller
Längsbretter innerhalb eines Querschnittes nahe der Bruchstelle ermittelt. Die Bruttorohdichte der Lamellen betrug im Mittel 438 kg/m³, die
mittlere Holzfeuchte lag bei 10,6%. Je nach Lage der Bruchstelle wurden
aus jedem Prüfkörper zwischen 16 und 24 Proben entnommen. Um
eine Eindruck von der Qualität der Brettlamellen zu erhalten, wurden die
Werte mit den zur Verfügung stehenden Daten der Holzforschung München verglichen. Hierzu war es erforderlich, die gemessenen Werte der
Bruttorohdichte nach Gleichung (2-14) in die Darrrohdichte umzurech-
nen. Beim Vergleich dieser Werte mit den Münchener Daten für die Sortierklasse S10 zeigt sich eine sehr gute Übereinstimmung.

Tabelle 4-3   *Träger mit angeschnittenem Rand – Darrrohdichte der Bretter in
den Längslagen in kg/m³*

Reihe	Mittelwert Prüfkörper					Mittelwert Versuchsreihe	S10
	1	2	3	4	5		
RO 600	397	400	401	410	413	404	
RU 600	390	418	437	412	409	414	
RO 900	403	439	413	404	411	413	412
RU 900	405	427	423	410	397	412	

4.3.3   Versuchsdurchführung

Zur Ermittlung der Tragfähigkeit wurden die Träger durch zwei Einzellasten in den Drittelspunkten der Spannweite bis zum Bruch belastet. Da
bei der Versuchsplanung nicht ausgeschlossen werden konnte, dass,
wie bei Brettschichtholz, die Biegefestigkeit am angeschnittenen Rand
vom Vorzeichen der Biegerandspannung abhängig ist, wurde jeweils die
Hälfte der Prüfkörper mit angeschnittenem Rand in der Biegezugzone
und in der Biegedruckzone geprüft (Bild 4-6 und Bild 4-7). Zur Ermittlung
der globalen Biegesteifigkeit wurden die Durchbiegung in der Mitte der
Spannweite und die Eindrückungen an den Trägerauflagern jeweils an
der Trägeroberseite gemessen.

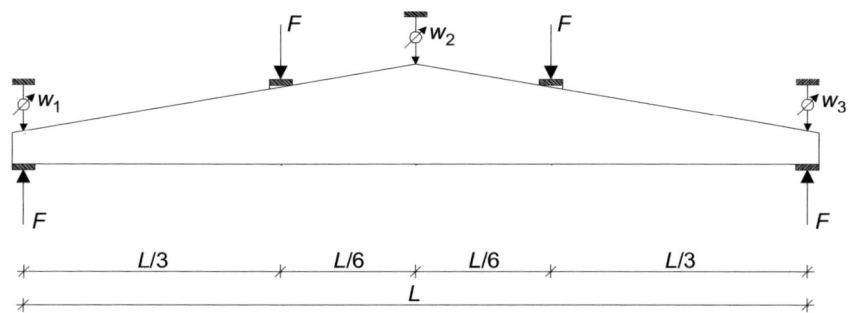

Bild 4-6   Versuchsanordnung Träger mit angeschnittenem Rand oben (RO)

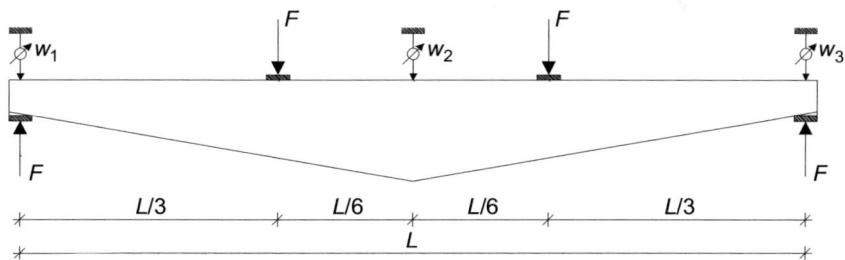

Bild 4-7   Versuchsanordnung Träger mit angeschnittenem Rand unten (RU)

Die Belastung wurde bis zu einer Last von 30% der geschätzten Höchstlast F_{est} kraftgesteuert mit einer konstanten Belastungsgeschwindigkeit von $0,2 \cdot F_{est}$ pro Minute aufgebracht. Oberhalb von $0,3 \cdot F_{est}$ bis zum Bruch wurde die Belastung weggesteuert mit konstanter Vorschubgeschwindigkeit aufgebracht.

Bei allen Versuchen wurde die Geschwindigkeit des Belastungskolbens so gewählt, dass die geschätzte Höchstlast F_{est} innerhalb von 300 s ± 120 s erreicht wurde. Soweit erforderlich, wurden die Prüfkörper gegen seitliches Ausweichen gesichert.

4.3.4   Versuchsergebnisse und Auswertung

Bei den Prüfkörpern der Reihe RO 600 trat das Versagen stets durch Erreichen der Biegezugfestigkeit in den Längslagen am unteren Rand der Querschnitte ein. Vor dem Erreichen der Höchstlast waren am

oberen, schräg zur Faserrichtung der Längsbretter verlaufenden Querschnittsrand bei allen Prüfkörpern der Reihe Druckfalten erkennbar
(Bild 4-8).

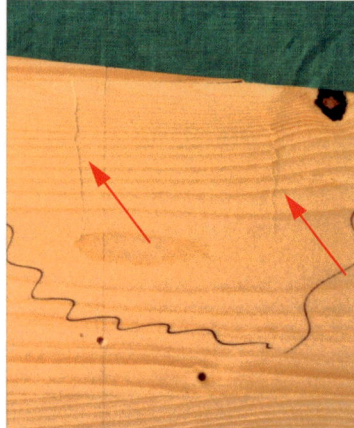

Bild 4-8   *Prüfkörper RO 600/4 – Biegezugversagen und Druckfalten am Rand*
             schräg zur Faserrichtung

Bei den Prüfkörpern der Reihe RO 900 war das Erreichen der Biegezugfestigkeit in den Längslagen nur bei zwei der fünf Prüfkörper Ursache
des Versagens. Bei den restlichen drei Prüfkörpern trat das Versagen
durch Erreichen der Schubfestigkeit in den Klebefugen zwischen Längs-
und Querlagen ein. Das Schubversagen trat zunächst an den schräg zur
Faserrichtung verlaufenden Rändern auf. Nach dem Erreichen der
Höchstlast wiesen alle drei Prüfkörper außerdem horizontale Schubbrüche auf, die am unteren Rand der obersten, über die gesamte Länge
durchlaufenden Brettlamelle verliefen (Bild 4-9).

Bei den Reihen RU 600 und RU 900 trat bei allen Prüfkörpern das Versagen am unteren, schräg zur Faserrichtung verlaufenden Rand ein.
Das für beide Reihen charakteristische Bruchbild war gekennzeichnet
durch das Erreichen der Schubfestigkeit in den Kreuzungsflächen zwischen Längs- und Querlagen und ein infolgedessen auftretendes Abscheren der spitz auslaufenden Enden der schräg angeschnittenen Lamellen der Längslagen (Bild 4-10).

*Bild 4-9   Prüfkörper RO 900/5 – Schubversagen am Rand schräg zur Faser-
richtung (links) und am unteren Rand der obersten über die gesamte
Länge durchlaufenden Brettlamelle (rechts)*

Bild 4-10   Prüfkörper RU 900/1 – Versagen am Rand schräg zur Faserrichtung

Aus der Höchstlast der einzelnen Versuche wurden die auf den Querschnitt der Längslagen bezogenen Biegerandspannungen an den faser-
parallelen Rändern nach Gleichung (4-18) bzw. nach Gleichung (4-19)
an den angeschnittenen Querschnittsrändern berechnet. Aus den Biegerandspannungen wurden die 5%-Quantile der Biegefestigkeit der Versuchsreihen unter der Annahme log-normalverteilter Werte ermittelt.

$$\sigma_{m,\alpha,net} = \frac{M_{max}(x)}{W_{net}(x)} = \frac{6 \cdot F_{max} \cdot x}{\Sigma t_\ell \cdot h(x)^2} \tag{4-18}$$

$$\sigma_{m,0,net} = \frac{M_{max}(x)}{W_{net}(x)} \cdot (1 + 4\tan^2 \alpha) = \frac{6 \cdot F_{max} \cdot x}{\Sigma t_\ell \cdot h(x)^2} \cdot (1 + 4\tan^2 \alpha) \tag{4-19}$$

Für den gewählten Versuchsaufbau kann die Stelle x, an der die Biege-randspannung maximal wird, angegeben werden als:

$$x = \min \begin{cases} L/3 \\ \dfrac{h_s \cdot L}{2 \cdot (h_{ap} - h_s)} \end{cases} \tag{4-20}$$

Daraus ergibt sich x = 1933 mm und h(x) = 500 mm für die Versuchsrei-hen RO 600 und RU 600 sowie x = 1697 mm und h(x) = 600 mm für die Versuchsreihen RO 900 und RU 900.

Der auf den Querschnitt der Längslagen bezogene, effektive Elastizi-tätsmodul $E_{ef,net}$ wurde für den Abschnitt der Last-Verformungs-Kurve zwischen 10% und 40% der Höchstlast aus der Durchbiegung in Feld-mitte berechnet.

$$E_{lok,net} = \frac{23}{648} \cdot \frac{L^3}{\kappa_M \cdot I_{s,net}} \cdot \frac{\Delta F_{10-40}}{\Delta u_{10-40}} \tag{4-21}$$

mit

$$I_{s,net} = \frac{\Sigma t_\ell \cdot h_s^3}{12}$$

$$\kappa_M = \frac{h_s^3}{h_{ap}^3 \cdot \left(0,15 + 0,85 \cdot \dfrac{h_s}{h_{ap}}\right)}$$

Tabelle 4-4   Versuchsergebnisse der Reihe RO 600 und RO 900 – Träger mit angeschnittenem Rand oben

Reihe	Versuch	F_{max} in kN	$w_{2,max}$ in mm	a [1] in kN/mm	$\sigma_{m,\alpha,net}$ [2] in N/mm²	$\sigma_{m,0,net}$ [3] in N/mm²	$E_{ef,net}$ [4] in N/mm²
	1	106	65,9	1,71	41,0	46,1	9438
	2	111	65,3	1,81	42,8	48,2	9964
RO 600	3	86,5	49,4	1,83	33,3	37,5	10086
	4	100	58,8	1,92	38,5	43,2	10598
	5	90,7	51,5	1,87	34,9	39,3	10312
Mittelwert		98,9	58,2	1,83	38,1	42,9	10080
5%-Quantil					29,3	32,9	
	1	155	68,4	2,52	36,6	41,2	8873
	2	165	68,4	2,73	39,1	43,9	9610
RO 900	3	154	62,9	2,61	36,4	40,9	9179
	4	130	55,9	2,51	30,8	34,6	8826
	5	135	53,9	2,62	31,8	35,8	9233
Mittelwert		148	61,9	2,60	34,9	39,3	9144
5%-Quantil					27,1	30,5	

[1] Steigung einer an die Last-Verformungskurve für die Durchbiegung w_2 in Feldmitte angepassten Regressionsgeraden im Abschnitt zwischen $0,1 \cdot F_{max}$ und $0,4 \cdot F_{max}$.

[2] maximale Biegespannung in den Längslagen am angeschnittenen Rand nach Gleichung (4-18)

[3] maximale Biegespannung in den Längslagen am Rand parallel zur Faserrichtung nach Gleichung (4-19)

[4] aus der Steigung a der Last-Verformungskurve zwischen $0,1 \cdot F_{max}$ und $0,4 \cdot F_{max}$ berechneter effektiver Elastizitätsmodul nach Gleichung (4-21)

Tabelle 4-5   Versuchsergebnisse der Reihen RU 600 und RU 900 – Träger mit angeschnittenem Rand unten

Reihe	Versuch	F_{max} in kN	$w_{2,max}$ in mm	a [1)] in kN/mm	$\sigma_{m,\alpha,net}$ [2)] in N/mm²	$\sigma_{m,0,net}$ [3)] in N/mm²	$E_{ef,net}$ [4)] in N/mm²
	1	97,8	63,5	1,84	37,7	42,4	10154
	2	99,2	57,0	-	38,2	43,0	-
RU 600	3	75,2	41,0	1,90	29,0	32,6	10468
	4	102	59,6	2,02	39,3	44,1	11115
	5	79,6	53,8	1,82	30,7	34,5	10054
Mittelwert		90,7	55,0	1,90	35,0	39,3	10448
5%-Quantil					24,5	27,6	
	1	116	63,3	2,54	27,3	30,7	8924
	2	128	73,8	2,70	30,3	34,1	9507
RU 900	3	121	57,2	2,55	28,6	32,2	8988
	4	110	49,2	2,45	26,0	29,2	8796
	5	101	53,6	2,48	23,8	26,8	8708
Mittelwert		115	59,4	2,49	27,2	30,6	8984
5%-Quantil					21,6	24,3	

Fußnoten [1)] bis [4)] siehe Tabelle 4-4

Bei der Auswertung der Versuche wurde angenommen, dass bei Brettsperrholzträgern mit angeschnittenen Rändern der Nachweis der Biegespannungen am Rand schräg zur Faserrichtung unter Verwendung der Abminderungsfaktoren k_α nach den Gleichungen (4-16) bzw. (4-17) geführt werden kann. Die zur Ermittlung der Abminderungsfaktoren erforderlichen Festigkeitskennwerte – Biegefestigkeit, Schubfestigkeit sowie Zug- und Druckfestigkeit rechtwinklig zur Stabachse – wurden hierfür in Abhängigkeit des Lagenaufbaus ermittelt und jeweils auf den Querschnitt der Längslagen bezogen. Bei der Ermittlung der Schubfestigkeit wurden die Versagensmechanismen 1 ‚*Schubversagen parallel zur Faserrichtung im Bruttoquerschnitt*' und 3 ‚*Schubversagen in den Kreu-*

zungsflächen' berücksichtigt. Der theoretisch mögliche Versagensmechanismus 2 *,Schubversagen rechtwinklig zur Faserrichtung in den Querlagen'* wird wegen der geringen Schubspannungen rechtwinklig zur Faserrichtung, die im Bereich angeschnittener Ränder in den Querlagen auftreten, nicht berücksichtigt. Da in den Versuchen an den angeschnittenen Rändern kein Schubversagen rechtwinklig zur Faserrichtung beobachtet wurde, erscheint diese Vorgehensweise gerechtfertigt.

Für den Versagensmechanismus 1 kann die auf den Querschnitt der Längslagen bezogene Schubfestigkeit durch Multiplizieren der zugehörigen Schubfestigkeit mit dem Verhältnis aus Brutto- und Nettoquerschnitt berechnet werden. Mit Hilfe des Versagenskriteriums nach Gleichung (4-6) kann die Schubfestigkeit für den Versagensmechanismus 3 bestimmt werden. Wird hierbei ein konstantes Verhältnis von 2,25 zwischen der Torsionsschubfestigkeit und der Rollschubfestigkeit angenommen (vgl. Abschnitt 4.4.4) kann für Querschnitte mit einheitlicher Brettbreite in den Längs- und Querlagen, die auf den Querschnitt der Längslagen bezogene Schubfestigkeit nach Gleichung (4-22) berechnet werden.

$$
f_{v,k,BSP} = \min \begin{cases} f_{v,k} \cdot \dfrac{\Sigma t}{\Sigma t_L} \\[2em] f_{v,tor,k} \cdot \dfrac{b}{2 \cdot \left(1 - \dfrac{1}{m_x^2}\right) \cdot \dfrac{\Sigma t_L}{n_{KF}} + 9 \cdot \dfrac{t_{L,k}}{n_{KF,k}} \cdot \left(\dfrac{1}{m_x} - \dfrac{1}{m_x^2}\right)} \end{cases} \quad (4\text{-}22)
$$

Bei den Prüfkörpern der Reihe RO 900 und RU 900 waren in den Längslagen unterschiedliche Brettbreiten vorhanden (s.o.). Bei den Prüfkörpern der Reihen RO 600 und RU 600 ist an der Stelle *x,* an der die Biegerandspannungen maximal werden, die Brettbreite in den Längslagen ebenfalls nicht konstant. Mit $h(x) = 500$ mm und $b_L = 150$ mm ergibt sich die Brettbreite am angeschnittenen Rand an der Stelle *x* zu 50 mm.

Zur Ermittlung der Abminderungsfaktoren k_α für die Prüfkörper wurden daher die Schubfestigkeiten unter Berücksichtigung der unterschiedlichen Brettbreiten nach Gleichung (4-23) berechnet.

$$f_{v,k,BSP} = \min \begin{cases} f_{v,k} \cdot \dfrac{\Sigma t}{\Sigma t_L} \\[2em] f_{v,tor,k} \cdot \dfrac{h^2}{8 \cdot b_Q \cdot \left(b_{max} \cdot \dfrac{\Sigma a_i \cdot A_{L,i}}{\Sigma I_{p,i}} + 2{,}25 \cdot \dfrac{a_{i,max} \cdot t_{L,k}}{n_{KF,k} \cdot b_Q} \right)} \end{cases} \qquad (4\text{-}23)$$

Für die Prüfkörper der Reihen RO 600 und RU 600 ergibt sich eine auf den Querschnitt der Längslagen bezogene Schubfestigkeit von 3,28 N/mm², die nur unwesentlich von der nach Gleichung (4-22) mit b = 150 mm und m = 3 für den gleichen Lagenaufbau ermittelten Schubfestigkeit von 3,31 N/mm² abweicht. Für die Prüfkörper der Reihen RO 900 und RU 900 ergeben sich mit den Brettbreiten nach Tabelle 4-2 Schubfestigkeiten zwischen 3,01 N/mm² und 3,04 N/mm². Wegen der um etwa eine halbe Brettbreite versetzt angeordneten Längsbretter in den beiden innenliegenden Längslagen, bilden die beiden Lagen eine Scheibe, sodass die tatsächliche Schubfestigkeit der Prüfkörper größer ist als die nach Gleichung (4-24) ermittelten Werte. Die in Tabelle 4-6 angegebenen Abminderungsfaktoren k_α wurden daher mit einer für b = 150 mm und m = 4 nach Gleichung (4-22) berechneten Schubfestigkeit von 3,51 N/mm² ermittelt.

Bei der Ermittlung der Querzug- und Querdruckfestigkeit werden die Versagensmechanismen ‚*Zug- bzw. Druckversagen in den Querlagen*‘ durch Erreichen der Festigkeit in Faserrichtung und ‚*Schubversagen in den Kreuzungsflächen*‘ durch Erreichen der Rollschubfestigkeit berücksichtigt. Die Festigkeiten werden dabei über die gesamte angeschnittene Länge eines Längsbrettes $b / \tan \alpha$ gemittelt.

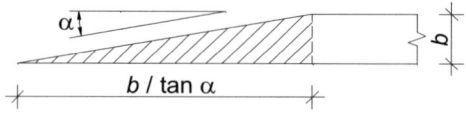

Bild 4-11   schräg zur Faserrichtung angeschnittenes Ende eines Längsbrettes

$$f_{90,BSP} \cdot \Sigma t_L \cdot \frac{b}{\tan\alpha} = \min \begin{cases} f_{c,0} \cdot \Sigma t_Q \cdot \dfrac{b}{\tan\alpha} & \text{bzw.} \quad f_{t,0} \cdot \Sigma t_Q \cdot \dfrac{b}{\tan\alpha} \\[3mm] \dfrac{b^2}{2 \cdot \tan\alpha} f_R \cdot n_{KF} \end{cases}$$ (4-24)

Damit ergibt sich die auf den Querschnitt der Längslagen bezogene Querzug- und Querdruckfestigkeit in Abhängigkeit des Lagenaufbaus wie folgt:

$$f_{c,90,k,BSP} = \min \begin{cases} f_{c,0,k} \cdot \dfrac{\Sigma t_Q}{\Sigma t_L} \\[3mm] f_{R,k} \cdot \dfrac{n_{KF} \cdot b}{2 \cdot \Sigma t_L} \end{cases}$$ (4-25)

$$f_{t,90,k,BSP} = \min \begin{cases} f_{t,0,k} \cdot \dfrac{\Sigma t_Q}{\Sigma t_L} \\[3mm] f_{R,k} \cdot \dfrac{n_{KF} \cdot b}{2 \cdot \Sigma t_L} \end{cases}$$ (4-26)

In den Gleichungen (4-22) bis (4-26) bedeuten

$f_{v,k}$ = 3,5 N/mm², charakteristische Schubfestigkeit des Brettmaterials unter Berücksichtigung verminderter Schwindrisse (vgl. Blaß u. Fellmoser [17])

$f_{v,tor,k}$ = 2,5 N/mm², charakteristische Torsionsschubfestigkeit in den Kreuzungsflächen (vgl. Blaß u. Görlacher [7])

$f_{c,0,k}$ charakteristische Druckfestigkeit der Querlagenbretter parallel zur Faserrichtung

$f_{t,0,k}$ charakteristische Zugfestigkeit der Querlagenbretter parallel zur Faserrichtung

$f_{R,k}$ = 1,0 N/mm², charakteristische Rollschubfestigkeit

b Brettbreite in Längs- und Querlagen

m_x $= h(x)/b$, Anzahl der in den Längslagen übereinander liegenden Bretter an der Stelle x

Σt Elementdicke, Summe der Längs- und Querlagendicken

Σt_L Summe der Längslagendicken

n_{KF} Anzahl der Klebefugen zwischen Längs- und Querlagen in Richtung der Bauteildicke

$t_{L,k}$ Dicke der k-ten Längslage

$n_{KF,k}$ Anzahl der Klebefugen zwischen der k-ten Längslage und benachbarten Querlagen; $n_{KF,k} = 1$ für Rand-/Decklagen und $n_{KF,k} = 2$ für Mittellagen

Σt_Q Summe der Querlagendicken

b_Q Brettbreite in den Querlagen

b_{max} Brettbreite in den Querlagen

$dM(x)$ Differential des Biegemomentes im Träger an der Stelle x; hier: Änderung des Biegemomentes innerhalb der Länge b_Q

$\Sigma A_{L,i}$ $= b_{L,i} \cdot \Sigma t_L$; Summe der Querschnittsflächen der Längsbretter in Höhe des i-ten Brettes

$a_{i,max}$ Abstand des Teilflächenschwerpunktes des obersten/untersten Längsbrettes vom Schwerpunkt des Gesamtquerschnitts

Wird die auf die Längslagen bezogene Biegefestigkeit für $\alpha = 0°$ mit 24 N/mm² angenommen, ergeben sich nach den Gleichungen (4-16) bzw. (4-17) für den Lagenaufbau der Prüfkörper die in Bild 4-12 dargestellten Abminderungsfaktoren k_α. Zum Vergleich sind zusätzlich die Abminderungsfaktoren für Brettschichtholz der Festigkeitsklasse GL24h angegeben.

Bei der Ermittlung der Abminderungsfaktoren k_α anhand der experimentell ermittelten Biegefestigkeiten $f_{m,\alpha}$ wurden die Ergebnisse Reihe RO 600 als Referenzwert festgelegt.

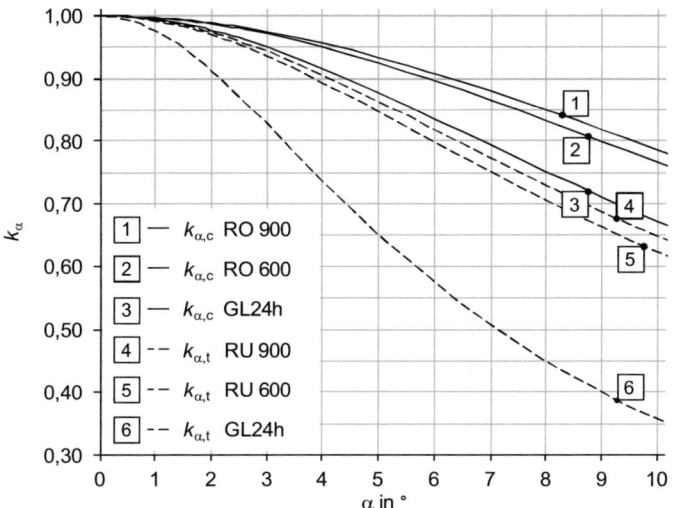

Bild 4-12 Abminderungsfaktoren k_α für den Lagenaufbau der geprüften Brett-sperrholzträger mit angeschnittenen Rändern sowie für Brettschicht-holz der Festigkeitsklasse GL24h

In Tabelle 4-6 und sind die Abminderungsfaktoren k_α, die sich aus dem Verhältnis der geschätzten 5%-Quantilwerte der Versuchsreihen erge-ben, den nach den Gleichungen (4-16) bzw. (4-17) berechneten Abmin-derungsfaktoren k_α gegenübergestellt.

Tabelle 4-6   Gegenüberstellung der experimentell anhand der 5%-Quantile und der analytisch ermittelten Abminderungsfaktoren k_α für die Prüfkörper der Reihen RO 600, RU 600, RO 900 und RU 900

Reihe	$f_{m,\alpha,k}$ in N/mm²	k_α experimentell	k_α analytisch	Quotient analyt./exp.
RO 600	29,3	0,899[1]		1
RO 900	27,1	0,832	0,787	0,95
RU 600	24,5	0,752	0,803	1,07
RU 900	21,6	0,663	0,649	0,98

[1] Referenzwert

In Anbetracht des verhältnismäßig geringen Umfangs der Versuchsreihen mit jeweils fünf Prüfkörpern und den damit einhergehenden Unsicherheiten in Bezug auf die geschätzten 5%-Quantile, zeigt die Zusammenstellung eine gute Übereinstimmung zwischen den experimentell und den analytisch ermittelten Abminderungsfaktoren.
Werden die Mittelwerte der experimentell ermittelten Biegefestigkeiten zur Bestimmung der Abminderungsfaktoren verwendet, ergeben sich nur geringfügig andere Werte, die im Mittel jedoch etwas weniger von den analytisch ermittelten Abminderungsfaktoren abweichen (Tabelle 4-7).

Tabelle 4-7   *Gegenüberstellung der experimentell anhand der Mittelwerte und der analytisch ermittelten Abminderungsfaktoren k_α für die Prüfkörper der Reihen RO 600, RU 600, RO 900 und RU 900*

Reihe	$f_{m,\alpha,mean}$ in N/mm²	k_α experimentell	k_α analytisch	Verhältnis analyt./exp.
RO 600	38,1	0,899[1]		1
RO 900	34,9	0,824	0,787	0,95
RU 600	35,0	0,826	0,803	0,97
RU 900	27,2	0,642	0,649	1,01

4.3.5   Zusammenfassung

Zur Ermittlung der Tragfähigkeit von Brettsperrholzträgern mit angeschnittenen Rändern wurden insgesamt 20 Tragfähigkeitsversuche mit zwei unterschiedlichen Faseranschnittwinkeln durchgeführt. Jeweils die Hälfte der Träger wurde mit angeschnittenen Rändern in der Biegezug- bzw. Biegedruckzone geprüft. In Anlehnung an die in DIN 1052 angegebenen Gleichungen zur Ermittlung von Abminderungsfaktoren für die Biegefestigkeit an den angeschnittenen Rändern von Brettschichtholzträgern wurden Abminderungsfaktoren für Brettsperrholzträger mit angeschnittenen Rändern ermittelt. Der Vergleich der in Anlehnung an DIN 1052 ermittelten Abminderungsfaktoren mit den experimentell ermittelten Werten zeigt eine gute Übereinstimmung und bestätigt damit die bei der Ermittlung der Schub-, Querzug und Querdruckfestigkeiten der Brettsperrholzträger getroffenen Annahmen.

4.4   Träger mit Durchbrüchen

4.4.1   Allgemeines

Im Bereich von Durchbrüchen treten lokal sehr hohe Schub- und Quer-zugspannungen auf. Um die mit diesen Beanspruchungen verbundenen spröden Versagensmechanismen zu vermeiden, werden bei Brett-schichtholzträgern mit Durchbrüchen in der Regel lokale Verstärkungen angeordnet. Bei in Plattenebene beanspruchten Brettsperrholzträgern wirken die quer zur Stabachse orientierten Bretter ähnlich wie außen aufgeklebte Schub- und Querzugverstärkungen aus Holzwerkstoffplatten bei Bauteilen aus Brettschichtholz. Im Gegensatz zu diesen, in der Regel lokalen, Verstärkungen sind bei Bauteilen aus Brettsperrholz die Querla-gen über die gesamte Trägerlänge vorhanden. In Brettsperrholzträgern mit Durchbrüchen müssen die Querlagen jedoch nicht nur die lokalen Spannungsspitzen aufnehmen, sondern, wegen der nicht verklebten Schmalseiten der Bretter, auch die aus einer Biegebeanspruchung resul-tierenden Schubkräfte zwischen den Brettern der Längslagen übertra-gen. Beide Beanspruchungen verursachen in den Brettquerschnitten und in den Kreuzungsflächen zwischen Längs- und Querlagen Schubspan-nungen, die bei der Bemessung der Bauteile zu berücksichtigen sind.

4.4.2   Versuchsmaterial

Zur Ermittlung der Tragfähigkeit von Brettsperrholzträgern mit Durchbrü-chen wurden fünf Versuchsreihen mit insgesamt 24 Trägern durchgeführt, wobei sich die Prüfkörper der einzelnen Reihen durch Anzahl und Abmes-sungen der Durchbrüche unterschieden. Für die meisten Versuche wurde eine Trägerform mit zwei symmetrisch angeordneten Durchbrüchen ge-wählt (Bild 4-13, oben). In einer der fünf Versuchsreihen wurden außer-dem Träger mit 10 Durchbrüchen geprüft (Bild 4-13, unten). Bei den Prüf-körpern mit zwei Durchbrüchen wurden jeweils zwei unterschiedliche Trägerhöhen sowie zwei verschiedene Durchbruchhöhen geprüft. Die kleinere der beiden Durchbruchhöhen wurde so gewählt, dass sie der nach DIN 1052 maximal zulässigen Durchbruchhöhe für verstärkte Durch-brüche in Brettschichtholzträgern entsprach ($h_d = 0,4\ h$). Die größere Durchbruchhöhe wurde mit $h_d = 0,5\ h$ festgelegt. Bei allen Trägern mit zwei Durchbrüchen war die Durchbruchlänge gleich der Trägerhöhe h. Bei den Trägern mit zehn Durchbrüchen betrugen Durchbruchhöhe und -länge sowie der Abstand zwischen den Durchbrüchen jeweils $h/2$. Die Stützweite betrug bei allen Versuchsreihen das 10-fache der Trägerhöhe. Um bei den Prüfkörpern mit zwei Durchbrüchen Biegebrüche in Feldmitte zu vermeiden, wurden die beiden Einzellasten im Abstand von nur 2 h angeordnet.

Tabelle 4-8   Abmessungen der Prüfkörper für die Versuchsreihen mit Trägern mit Durchbrüchen

Reihe	Anzahl	Maße in mm					
		h	Σt	L	h_d	ℓ_d	t_L / t_Q
DB 600/240	5	600	150	6300	240	600	30/15
DB 600/300	5	600	150	6300	300	600	30/15
DB 300/120	5	300	160	3150	120	300	30/20
DB 300/150	5	300	160	3150	150	300	30/20
DBV 300/150	4	300	160	3150	150	150	30/20

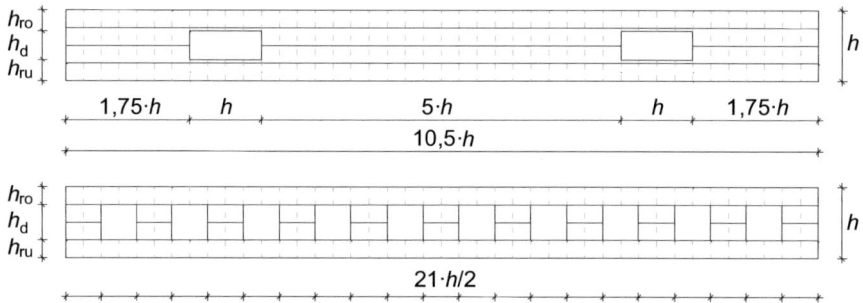

Bild 4-13   Prüfkörper der Reihen DB mit zwei Durchbrüchen (oben) und der Reihe DBV mit zehn Durchbrüchen (unten)

Die Herstellung der Prüfkörper erfolgte in den Produktionsstätten zweier unterschiedlicher Industriepartner. Ursprünglich war für die Prüfkörper aller Versuchsreihen ein einheitlicher Lagenaufbau mit vier 30 mm dicken Längslagen und zwei 15 mm dicken Querlagen vorgesehen. Da es einem der beiden Hersteller nicht möglich war, Brettlamellen mit einer Dicke von nur 15 mm auf der Produktionsanlage zu verarbeiten, wurden bei einem Teil der Prüfkörper die Querlagen mit einer Dicke von 20 mm ausgeführt.

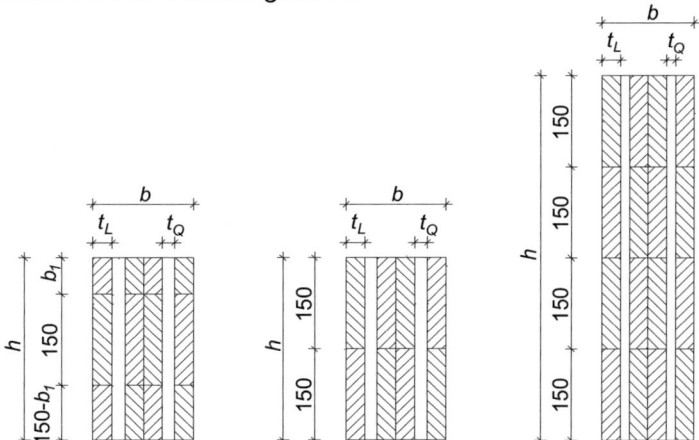

Bild 4-14   *Lagenaufbau und Brettbreiten der Träger mit Durchbrüchen,*
links/Mitte: Reihen DB 300, rechts: Reihen DB 600

Für alle Lamellen wurden Bretter der Sortierklasse S10 / Festigkeitsklasse C24 verwendet. Zur Überprüfung der Brettqualität wurde nach der Versuchsdurchführung, wie in Abschnitt 4.3.2 beschrieben, von allen Längsbrettern die Rohdichte ermittelt und mit der von der Holzforschung München ermittelten, mittleren Rohdichte für diese Sortierklasse verglichen. Die mittlere Holzfeuchte der Längsbretter betrug 10,7% bei den Prüfkörpern der Reihen DB 600 und 12,4% bei den Prüfkörpern der Reihen DB 300.

Tabelle 4-9   *Träger mit Durchbrüchen – Darrrohdichte der Bretter in den*
Längslagen in kg/m³

Reihe	Mittelwert Prüfkörper					Mittelwert Versuchsreihe	S10
	1	2	3	4	5		
DB 600/240	435	437	423	432	430	432	
DB 600/300	417	420	425	462	412	427	
DB 300/120	406	399	417	441	409	414	412
DB 300/150	418	428	399	398	430	415	
DBV 300	424	415	421	420		420	

4.4.3   Versuchsdurchführung

Die Belastung wurde bis zu einer Last von 30% der geschätzten Höchstlast F_{est} kraftgesteuert mit einer konstanten Belastungsgeschwindigkeit von $0,2 \cdot F_{est}$ pro Minute aufgebracht. Oberhalb von $0,3 \cdot F_{est}$ bis zum Bruch wurde die Belastung weggesteuert mit konstanter Vorschubgeschwindigkeit aufgebracht.

Bei allen Versuchen wurde die Geschwindigkeit des Belastungskolbens so gewählt, dass die geschätzte Höchstlast F_{est} innerhalb von 300 s ± 120 s erreicht wurde. Soweit erforderlich, wurden die Prüfkörper gegen seitliches Ausweichen gesichert.

Zur Ermittlung des globalen Biege-Elastizitätsmoduls wurden die Verformungen in der Mitte der Spannweite gemessen. Bei den Prüfkörpern der Reihen DB 300 und DBV 300 wurde zusätzlich die Rissbreite in den querzugbeanspruchten Durchbruchecken, bei den Prüfkörpern der Reihe DB 600 die Länge der Durchbruchdiagonalen zur Ermittlung der Schubverzerrung im Bereich der Durchbrüche gemessen. Die Versuchsanordnungen sind in Bild 4-15, Bild 4-16 und Bild 4-17 dargestellt.

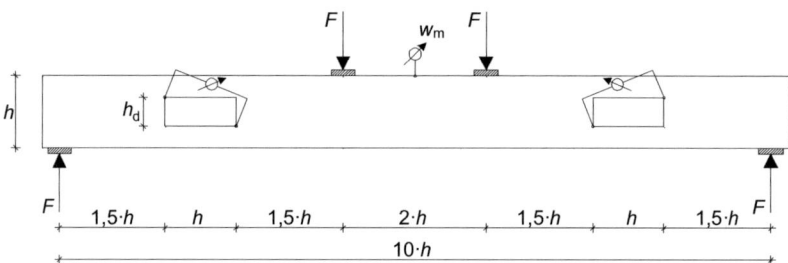

Bild 4-15   Versuchsanordnung Reihen DB 600

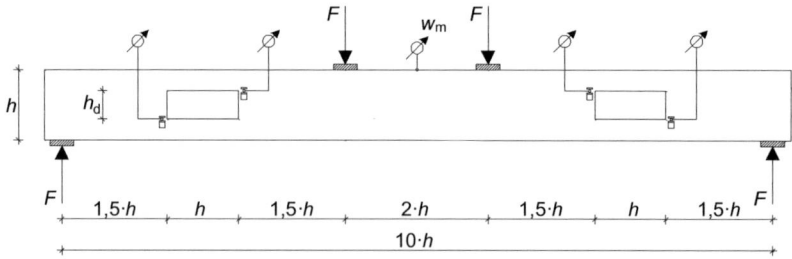

Bild 4-16   Versuchsanordnung Reihen DB 300

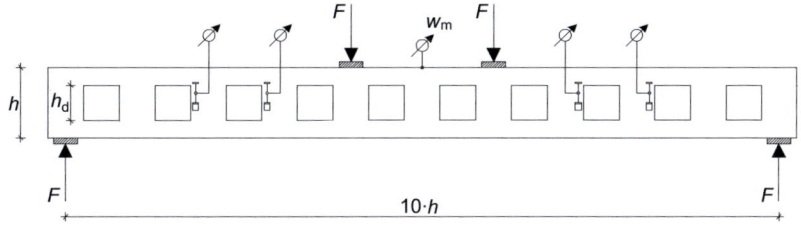

Bild 4-17   Versuchsanordnung Reihe DBV 300

4.4.4   Versuchsergebnisse und Auswertung

Bei allen Versuchsreihen traten im Wesentlichen zwei unterschiedliche Versagensformen auf. Dies waren zum einen Biegebrüche, die in den meisten Fällen im Bereich der Durchbruchöffnungen auftraten, vereinzelt aber auch in ungeschwächten Bereichen zwischen den Durchbrüchen lagen. Die zweite Versagensursache waren Schubbrüche am Rand der Durchbrüche, die durch das Erreichen der Schubfestigkeit in den Kreuzungsflächen ausgelöst wurden. Bei den Prüfkörpern der Reihen DB 600 war bei 80% der Versuche Schubversagen in den Kreuzungsflächen die Versagensursache, 20% versagten durch Biegebrüche. Bei den Prüfkörpern der Reihen DB 300 versagten jeweils 50 % der Prüfkörper durch Schub- bzw. Biegebrüche. In der Reihe DBV 300 versagten alle Prüfkörper durch Erreichen der Biegefestigkeit in den Längslagen.

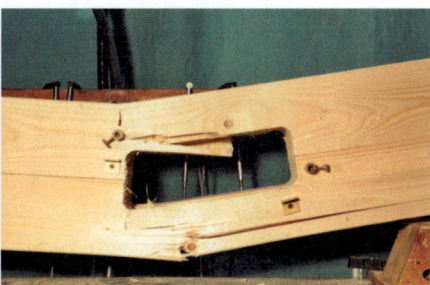

Bild 4-18   Biegebruch im ungeschwächten Querschnitt zwischen den Durchbrüchen bei Prüfkörper DB 300/120-2 (links) und Biegebruch im Nettoquerschnitt bei Prüfkörper DB 300/120-3 (rechts)

*Bild 4-19   Schubversagen in den Kreuzungsflächen bei Prüfkörper DB 300/150-3
(links) und Prüfkörper DB 300/150-4 (rechts)*

*Bild 4-20   Schubversagen in den Kreuzungsflächen bei Prüfkörper DB 600/300-4
(links) und Prüfkörper DB 600/240-3 (rechts)*

Zur Ermittlung der in den Versuchen erreichten Biege- und Schubfestig-
keiten wurden bei der Auswertung der Versuchsergebnisse die unter den
Höchstlasten erreichten, auf den Querschnitt der Längslagen bezogenen
Biegespannungen und die Schubspannungen in den Kreuzungsflächen
berechnet. Zusätzlich wurden die Zugspannungen in den Querlagen am
Rand der Durchbrüche berechnet, obwohl bei keinem der Prüfkörper die
Zugfestigkeit der Querbretter erreicht wurde, um die Querzugfestigkeit
der Querschnitte abschätzen zu können.

Höchstlasten und Biegespannungen:

Die unter der Höchstlast in Feldmitte $\sigma_{m,net}$ und in der Mitte der Durchbrüche $\sigma_{m,net,DB}$ aufgetretenen Biegerandspannungen in den Längslagen
wurden nach Gleichung (4-27) bzw. Gleichung (4-28) berechnet.

$$\sigma_{m,net} = \frac{M_{max}(L/2)}{W_{net}(L/2)} = \frac{24 \cdot F_{max}}{b_{net} \cdot h} \tag{4-27}$$

$$\sigma_{m,net,DB} = \frac{M_{DB}}{W_{net,DB}} + \frac{V_{DB} \cdot h}{4 \cdot W_{net,ro/ru}} = \frac{15 \cdot F \cdot h^2}{b_{net} \cdot (h^3 - h_d^3)} + \frac{3 \cdot F \cdot h}{2 \cdot b_{net} \cdot h_{ro/ru}^2} \tag{4-28}$$

Die Kraftkomponente rechtwinklig zur Stabachse, die in den Ecken der Durchbrüche Querzug- bzw. Querdruckspannungen erzeugt, wurde nach den in DIN 1052, Abschnitt 11.3 angegebenen Gleichungen für Durchbrüche in Brettschichtholzträgern berechnet:

$$F_{t,90} = F_{t,V} + F_{t,M} = F_{max}\left[\left(\frac{3 \cdot h_d}{4 \cdot h} - \frac{h_d^3}{4 \cdot h^3}\right) + \left(\frac{0,008 \cdot x_{DB}}{h_{ro/ru}}\right)\right] \tag{4-29}$$

mit x_{DB} = Abstand des betrachteten Durchbruchrandes vom nächstgelegenen Trägerauflager

Daraus ergibt sich für die Träger mit zwei Durchbrüchen mit $x_{DB} = 2,5 \cdot h$

$$F_{t,90} = 0,351 \cdot F \qquad \text{für } h_d = 0,4 \cdot h$$

bzw.

$$F_{t,90} = 0,424 \cdot F \qquad \text{für } h_d = 0,5 \cdot h$$

Für die Träger mit zehn Durchbrüchen sind wegen des geringen Abstandes der Durchbrüche untereinander die in DIN 1052, Abschnitt 11.4.4 angegebenen Randbedingungen für die Berechnung verstärkter Durchbrüche nicht eingehalten. Die rechtwinklig zur Stabachse wirkende Kraftkomponente bei diesen Trägern wurde dennoch mit Hilfe der in DIN 1052, Abschnitt 11.3 angegebenen Gleichungen berechnet. Für die gegebene Versuchsanordnung wird die Kraftkomponente $F_{t,90}$ an den Rändern der neben den Lasteinleitungspunkten liegenden Durchbrüche, im Abstand $x_{DB} = 1125\,mm$ von den Auflagerlinien maximal.

$$F_{t,90} = 0,464 \cdot F \qquad \text{mit } h_d = 0,5 \cdot h$$

Zur Ermittlung der Zugspannung in den Querbrettern am Rand der Durchbrüche wurde für die wirksame Breite in Trägerlängsrichtung a_r der kleinere Wert aus der Breite eines Querbrettes und dem in DIN 1052 angegebenen Größtwert $a_r = 0,5 \cdot 0,6 \cdot (h + h_d)$ für verstärkte Durchbrüche in Brettschichtholzträgern angenommen.

Tabelle 4-10   wirksame Breite a_r der Querlagen am Durchbruchrand für
               die Versuchsreihen DB 600 und DB 300

Reihe	DB 600/240	DB 600/300	DB 300/120	DB 300/150
a_r in mm	150	150	126	135

Zur Berücksichtigung einer ungleichmäßigen Verteilung der Zugspannungen über die wirksame Breite a_r wurde, in Anlehnung an DIN 1052, Abschnitt 11.4.4, die unter der Annahme einer gleichmäßigen Verteilung ermittelten Zugspannung mit dem Beiwert $k_k = 2,0$ multipliziert.

$$\sigma_{t,0,Q} = k_k \cdot \frac{F_{t,90}}{a_r \cdot \Sigma t_Q} \qquad (4\text{-}30)$$

Um den Einfluss der Durchbrüche auf die Biegesteifigkeit der Träger abschätzen zu können, wurde aus der Durchbiegung in Feldmitte der auf den Querschnitt der Längslagen bezogene, effektive Elastizitätsmodul $E_{ef,net}$ für den Abschnitt der Last-Verformungs-Kurve zwischen 10% und 40% der Höchstlast berechnet.

$$E_{ef,net} = \frac{59}{1500} \cdot \frac{L^3}{I_{net}} \cdot \frac{\Delta F_{10-40}}{\Delta u_{10-40}} \qquad (4\text{-}31)$$

Tabelle 4-11   *Höchstlasten und Biegespannungen bei den Prüfkörpern der Reihe DB 600/240 (Spannungen die zum Versagen führten sind* unterstrichen*)*

Reihe	Versuch	F_{max} in kN	$\sigma_{m,net}$ in N/mm²	$\sigma_{m,net,DB}$ in N/mm²	$\sigma_{t,0,Q}$ in N/mm²	$E_{ef,net}$ [1)] in N/mm²
	1 [B)]	93,8	31,3	<u>42,6</u>	14,6	8315
	2 [S)]	111	37,1	50,5	17,3	8256
DB 600/240	3 [S)]	112	37,3	50,8	17,4	8546
	4 [S)]	117	39,0	53,1	18,2	8254
	5 [S)]	115	38,4	52,4	18,0	8594
Mittelwert		110	36,6	49,9	17,1	8393

[1)] aus der Steigung a der Last-Verformungskurve zwischen $0{,}1 \cdot F_{max}$ und $0{,}4 \cdot F_{max}$ berechneter effektiver Elastizitätsmodul nach Gleichung (4-21)

[B)] Biegeversagen in den Brettern der Längslagen

[S)] Schubversagen in den Kreuzungsflächen

Tabelle 4-12   *Höchstlasten und Biegespannungen bei den Prüfkörpern der Reihe DB 600/300 (Spannungen die zum Versagen führten sind* unterstrichen*)*

Reihe	Versuch	F_{max} in kN	$\sigma_{m,net}$ in N/mm²	$\sigma_{m,net,DB}$ in N/mm²	$\sigma_{t,0,Q}$ in N/mm²	$E_{ef,net}$ [1)] in N/mm²
	1 [S)]	79,1	26,4	45,2	14,9	7222
	2 [S)]	93,4	31,1	53,4	17,6	7024
DB 600/300	3 [S)]	83,8	27,9	47,9	15,8	7324
	4 [S)]	95,0	31,7	54,3	17,9	7603
	5 [B)]	76,0	25,3	<u>43,4</u>	14,3	7157
Mittelwert		85,5	28,5	48,8	16,1	7266

Fußnoten siehe Tabelle 4-11

Tabelle 4-13   Höchstlasten und Biegespannungen bei den Prüfkörpern der Reihe DB 300/120 (Spannungen die zum Versagen führten sind unterstrichen)

Reihe	Versuch	F_{max} in kN	$\sigma_{m,net}$ in N/mm²	$\sigma_{m,net,DB}$ in N/mm²	$\sigma_{t,0,Q}$ in N/mm²	$E_{ef,net}$ [1] in N/mm²
DB 300/120	1 [B]	58,9	<u>39,3</u>	53,5	8,20	7361
	2 [B]	49,7	<u>33,1</u>	45,1	6,92	7228
	3 [B]	59,7	39,8	<u>54,2</u>	8,31	7723
	4 [S]	66,6	44,4	60,5	9,27	7385
	5 [S]	64,0	42,7	58,1	8,91	7497
Mittelwert		59,8	39,9	54,3	8,32	7439

Fußnoten siehe Tabelle 4-11

Tabelle 4-14   Höchstlasten und Biegespannungen bei den Prüfkörpern der Reihe DB 300/150 (Spannungen die zum Versagen führten sind unterstrichen)

Reihe	Versuch	F_{max} in kN	$\sigma_{m,net}$ in N/mm²	$\sigma_{m,net,DB}$ in N/mm²	$\sigma_{t,0,Q}$ in N/mm²	$E_{ef,net}$ [1] in N/mm²
DB 300/150	1 [B]	53,0	35,3	<u>60,6</u>	8,32	6867
	2 [B]	51,6	34,4	<u>59,0</u>	8,10	6642
	3 [S]	51,7	34,5	59,1	8,11	6798
	4 [S]	52,4	34,9	59,9	8,22	6796
	5 [S]	64,3	42,9	73,5	10,1	7765
Mittelwert		54,6	36,4	62,4	8,57	6973

Fußnoten siehe Tabelle 4-11

Tabelle 4-15   *Höchstlasten und Biegespannungen bei den Prüfkörpern der*
Reihe DBV 300/150 (Spannungen die zum Versagen führten
sind <u>*unterstrichen*</u>*)*

Reihe	Versuch	F_{max} in kN	$\sigma_{m,net}$ in N/mm²	$\sigma_{m,net,DB}$ in N/mm²	$\sigma_{t,0,Q}$ in N/mm²	$E_{ef,net}$ [1] in N/mm²
DBV 300/150	1 [B]	44,6	29,7	<u>46,7</u>	6,89	4165
	2 [B]	49,9	33,3	<u>52,3</u>	7,71	7383
	3 [B]	41,0	27,3	<u>43,0</u>	6,34	5715
	4 [B]	47,6	31,7	<u>49,9</u>	7,36	5408
Mittelwert		45,8	30,5	48,0	7,08	5668

Fußnoten siehe Tabelle 4-11

Schubspannungen:

Im Bereich von Durchbrüchen stehen für die Schubübertragung weniger Brettquerschnitte und Kreuzungsflächen zur Verfügung als in ungestörten Trägerabschnitten. Am Rand der Durchbrüche treten daher erhöhte Schubspannungen auf. Dies betrifft die Schubspannungen in den Brettquerschnitten (Versagensmechanismen 1 und 2) und die Schubspannungen in den Kreuzungsflächen (Versagensmechanismus 3) gleichermaßen, wobei in letzterem Fall sowohl die Torsionsschubspannungen als auch die Schubspannungen in Richtung der Trägerachse höhere Werte annehmen. Gleichzeitig treten in den Kreuzungsflächen am Rand der Durchbrüche Schubspannungen rechtwinklig zur Stabachse auf.

Die Maximalwerte der Schubspannungen, die in den Kreuzungsflächen am Rand der Durchbrüche auftreten, können auf der Grundlage der Gleichungen (4-9), (4-13) oder (4-14) zur Berechnung der Torsionsschubspannung bzw. (4-11) oder (4-15) zur Berechnung der Schubspannung in Richtung der Stabachse bei prismatischen Stäben ohne Durchbrüche ermittelt werden, wenn lokale Spannungsspitzen durch die Beiwerte k_1 bis k_5 erfasst werden:

$$\tau_{tor,DB} = k_1 \cdot k_2 \cdot \tau_{tor} \tag{4-32}$$

$$\tau_{x,DB} = k_3 \cdot k_4 \cdot k_5 \cdot \tau_x \tag{4-33}$$

Die Beiwerte k_1 bzw. k_3 und k_4 berücksichtigen den Einfluss der Durchbruchhöhe auf die Schubspannungen und lassen sich aus dem Modell des Verbundträgers ableiten. Die Beiwerte k_2 bzw. k_5 beschreiben den Einfluss der Durchbruchlänge. Diese Werte wurden mittels Parameterstudie mit dem in Abschnitt 1 beschriebenen Gittermodell ermittelt (siehe Anlage 2).

$$k_1 = \frac{h}{h - h_d} \tag{4-34}$$

$$k_2 = 0,381 \cdot \left(\frac{m \cdot \ell_d}{h_d} \right)^{0,555} \geq 1 \tag{4-35}$$

$$k_3 = \frac{I_{ges,\ell}}{I_{net,\ell}} = \frac{h^3}{h^3 - h_d^3} \tag{4-36}$$

$$k_4 = 1 + \frac{h_d^2}{4 \cdot b^2 \cdot (m-1)} \tag{4-37}$$

$$k_5 = 0,791 \cdot \left(\frac{m \cdot \ell_d}{h} \right)^{0,494} \tag{4-38}$$

Bei der Ermittlung der Beiwerte k_1 bis k_5 wurden gleiche Brettbreiten in allen Lagen vorausgesetzt. Bei Querschnitten mit unterschiedlichen Brettbreiten können die Schubspannungen im Bereich von Durchbrüchen in guter Näherung ebenfalls mit den oben angegebenen Beiwerten berechnet werden. Da im Rahmen der durchgeführten Parameterstudien zur Ermittlung der Beiwerte k_2 und k_5 nur ein Teil aller theoretisch möglichen Durchbruchlängen und Durchbruchhöhen betrachtet wurden und Träger mit mehreren, nebeneinander liegenden Durchbrüchen nicht untersucht wurden, gelten die Beiwerte nur unter folgenden Bedingungen:

- Länge des Durchbruchs $\ell_d \le h$
- Höhe des Durchbruchs $\ell_d \le 0{,}5 \cdot h$
- Abstand zwischen zwei benachbarten Durchbrüchen $\ell_v \ge 1{,}5 \cdot h$

Für die Prüfkörper der Reihen DB 300 und DB 600 ergeben sich die in Tabelle 4-16 zusammengestellten Beiwerte.

Tabelle 4-16   Beiwerte zur Ermittlung der Schubspannungen im Bereich der Durchbrüche für die Prüfkörper der Reihen DB 600, DB 300 und DBV 300

Reihe	k_1	k_2	k_3	k_4	k_5
DB 600/240	1,67	1,37	1,07	1,21	1,57
DB 600/300	2,00	1,21	1,14	1,33	1,57
DB 300/120	1,67	1	1,07	1,16	1,11
DB 300/150	2,00	1	1,14	1,25	1,11
DBV 300/150	2,00	1	1,14	1,25	0,79

Die rechtwinklig zur Stabachse wirkende Schubspannungskomponente wird mit der Kraft $F_{t,90}$ nach Gleichung (4-29) berechnet und über die wirksame Breite a_r sowie in Richtung der Querschnittshöhe als konstant verteilt angenommen. Der Betrag der Schubspannung $\tau_{y,DB}$ kann damit nach Gleichung (4-39) berechnet werden.

$$\tau_{y,DB} = \frac{F_{t,90,DB}}{n_{KF} \cdot a_r \cdot h_r} \qquad \text{mit} \qquad h_r = \min \begin{cases} h_{ro} \\ h_{ru} \end{cases} \qquad (4\text{-}39)$$

Für den Nachweis der Schubspannung im Bruttoquerschnitt (Versagensmechanismus 1) kann die nach Gleichung (4-1) mit $T = 1{,}5 \cdot V$

ermittelte Schubspannung mit den Beiwerten k_1 und k_2 multipliziert werden. Die Schubspannung im Nettoquerschnitt (Versagensmechanismus 2) steht im Gleichgewicht mit den in x-Richtung wirkenden Schubspannungen in den Kreuzungsflächen. Der Maximalwert kann daher durch Multiplikation der nach Gleichung (4-2) mit $T = 1{,}5 \cdot V$ berechneten Schubspannung mit den Beiwerten k_3 bis k_5 berechnet werden.

Bei den Prüfkörpern der Reihen DB 600 betrug die Brettbreite in den Längs- und Querlagen einheitlich 150 mm. Die Schubspannungen in den Kreuzungsflächen dieser Prüfkörper konnten daher nach den Gleichungen (4-9) und (4-11) berechnet werden. Die in den Längs- und Querbrettern vorhandenen Entlastungsnuten in der Mitte der Brettbreite blieben bei der Ermittlung der Torsionsschubspannung unberücksichtigt.

Die Prüfkörper der Reihen DB 300 und DBV 300 wurden aus Brettern mit einer Breite von 165 mm hergestellt. Bei allen Prüfkörpern waren daher an mindestens einem Querschnittsrand die Längsbretter der Länge nach aufgetrennt. Bei der Mehrzahl der Prüfkörper waren aufgetrennte Bretter beiden Rändern vorhanden. In diesen Prüfkörpern bestanden die Längslagen häufig aus jeweils drei Brettern, wobei die Brettbreiten in den Längslagen der einzelnen Prüfkörper zwischen 20 mm und 165 mm variierten. In Tabelle 4-17 sind die Brettbreiten aller Prüfkörper zusammengestellt. Wegen der Abhängigkeit der Schubspannungen in den Kreuzungsflächen von den Brettbreiten erfolgte die Berechnung nach den Gleichungen (4-14) und (4-15) unter Berücksichtigung der vorhandenen Brettbreiten.

Tabelle 4-17   Brettbreiten in den Längslagen bei den Prüfkörpern der Reihen DB 300-120, DB 300-150 und DBV 300

Versuch	DB 300/120			DB 300/150			DBV 300/150		
	b_1	b_2	b_3	b_1	b_2	b_3	b_1	b_2	b_3
	in mm			in mm			in mm		
1	90	165	45	165	135		44	165	91
2	135	165		33	165	102	52	165	83
3	150	150		25	165	110	21	165	114
4	31	165	104	55	165	80	75	165	60
5	74	165	61	155	145				

Die anhand der Versuchsergebnisse für die Versagensmechanismen 1 bis 3 ermittelten Schubspannungen in den Brettquerschnitten und den Kreuzungsflächen sind für die Prüfkörper der Reihen DB 600, DB 300 und DBV 300 in Tabelle 4-18 bis Tabelle 4-22 zusammengestellt.

Tabelle 4-18   Schubspannungen bei den Prüfkörpern der Reihe DB 600/240 (Spannungen die zum Versagen führten sind <u>unterstrichen</u>*)*

Reihe	Versuch	τ_{brutto} in N/mm²	τ_{netto} in N/mm²	$\tau_{tor,DB}$ in N/mm²	$\tau_{x,DB}$ in N/mm²	$\tau_{y,DB}$ in N/mm²
	1 [B]	3,56	15,9	1,67	0,60	0,30
	2 [S]	4,23	18,9	<u>1,98</u>	<u>0,71</u>	0,36
DB 600/240	3 [S]	4,25	19,0	<u>1,99</u>	<u>0,71</u>	0,36
	4 [S]	4,44	19,8	<u>2,08</u>	<u>0,74</u>	0,38
	5 [S]	4,38	19,5	<u>2,05</u>	<u>0,73</u>	0,37
Mittelwert		4,17	18,6	1,96	0,70	0,36

[B] Biegeversagen in den Brettern der Längslagen
[S] Schubversagen in den Kreuzungsflächen

Tabelle 4-19   Schubspannungen bei den Prüfkörpern der Reihe DB 600/300 (Spannungen die zum Versagen führten sind <u>unterstrichen</u>*)*

Reihe	Versuch	τ_{brutto} in N/mm²	τ_{netto} in N/mm²	$\tau_{tor,DB}$ in N/mm²	$\tau_{x,DB}$ in N/mm²	$\tau_{y,DB}$ in N/mm²
	1 [S]	3,19	15,8	<u>1,49</u>	<u>0,59</u>	0,37
	2 [S]	3,76	18,6	<u>1,76</u>	<u>0,70</u>	0,44
DB 600/300	3 [S]	3,37	16,7	<u>1,58</u>	<u>0,63</u>	0,39
	4 [S]	3,83	18,9	<u>1,79</u>	<u>0,71</u>	0,45
	5 [B]	3,06	15,1	1,43	0,57	0,36
Mittelwert		3,44	17,2	1,61	0,64	0,40

Fußnoten siehe Tabelle 4-18

Tabelle 4-20   Schubspannungen bei den Prüfkörpern der Reihe DB 300/120
(Spannungen die zum Versagen führten sind <u>unterstrichen</u>)

Reihe	Versuch	τ_{brutto} in N/mm²	τ_{netto} in N/mm²	$\tau_{tor,DB}$ in N/mm²	$\tau_{x,DB}$ in N/mm²	$\tau_{y,DB}$ in N/mm²
	1 [B)]	3,07	10,2	1,35	1,15	0,46
	2 [B)]	2,59	8,58	0,94	0,63	0,38
DB 300/120	3 [B)]	3,11	10,3	1,15	0,69	0,46
	4 [S)]	3,47	11,5	<u>1,46</u>	<u>1,37</u>	0,51
	5 [S)]	3,33	11,0	<u>1,50</u>	<u>1,17</u>	0,49
Mittelwert		3,11	10,3	1,28	1,00	0,49

Fußnoten siehe Tabelle 4-18

Tabelle 4-21   Schubspannungen bei den Prüfkörpern der Reihe DB 300/150
(Spannungen die zum Versagen führten sind <u>unterstrichen</u>)

Reihe	Versuch	τ_{brutto} in N/mm²	τ_{netto} in N/mm²	$\tau_{tor,DB}$ in N/mm²	$\tau_{x,DB}$ in N/mm²	$\tau_{y,DB}$ in N/mm²
	1 [B)]	3,31	10,5	1,06	0,77	0,55
	2 [B)]	3,23	10,3	1,21	1,22	0,54
DB 300/150	3 [S)]	3,23	10,3	<u>1,18</u>	<u>1,26</u>	0,54
	4 [S)]	3,28	10,4	<u>1,29</u>	<u>1,14</u>	0,55
	5 [S)]	4,02	12,8	<u>1,31</u>	<u>0,88</u>	0,67
Mittelwert		3,41	10,9	1,21	1,05	0,64

Fußnoten siehe Tabelle 4-18

Tabelle 4-22   Schubspannungen bei den Prüfkörpern der Reihe DBV 300

Reihe	Versuch	τ_{brutto} in N/mm²	τ_{netto} in N/mm²	$\tau_{tor,DB}$ in N/mm²	$\tau_{x,DB}$ in N/mm²	$\tau_{y,DB}$ in N/mm²
	1 [B]	2,79	8,87	0,73	0,72	0,46
DBV 300	2 [B]	3,12	9,93	0,83	0,78	0,51
	3 [B]	2,56	8,16	0,62	0,72	0,42
	4 [B]	2,98	9,47	0,80	0,72	0,49
Mittelwert		2,79	8,88	0,75	0,73	0,47

Fußnoten siehe Tabelle 4-18

Zur Ermittlung der in den Versuchen erreichten Schubfestigkeiten in den Kreuzungsflächen werden die beiden Bedingungen nach Gleichung (4-6) als Versagenskriterium verwendet:

$$\frac{\tau_{tor}}{f_{v,tor}} + \frac{\tau_x}{f_R} \leq 1 \quad \text{und} \quad \frac{\tau_{tor}}{f_{v,tor}} + \frac{\tau_y}{f_R} \leq 1$$

Da sowohl die Torsionsschubfestigkeit als auch die Rollschubfestigkeit in den Kreuzungsflächen der Prüfkörper unbekannt ist, wird, um die in den Versuchen erreichten Festigkeiten ermitteln zu können, das Verhältnis der beiden Größen auf der Grundlage der in Druckscherversuchen ermittelten Rollschubfestigkeit (vgl. Bild 2-55) und der von Blaß und Görlacher [7] an Kleinproben ermittelten Torsionsschubfestigkeit wie folgt angenommen:

$$\frac{f_{v,tor}}{f_R} = \frac{3,6}{1,6} = 2,25 \tag{4-40}$$

Die in den Versuchen erreichten Torsions- und Rollschubfestigkeiten können damit berechnet werden als:

$$f_{v,tor} = \tau_{tor} + 2,25 \cdot \max \begin{Bmatrix} \tau_x \\ \tau_y \end{Bmatrix} \qquad \text{und} \qquad f_R = \frac{f_{v,tor}}{2,25} \qquad (4\text{-}41)$$

Für die Prüfkörper der Versuchsreihen DB 300 und DB 600, bei denen das Erreichen der Schubfestigkeit in den Kreuzungsflächen Ursache des Versagens war, ergeben sich damit die in Tabelle 4-23 angegebenen Torsions- und Rollschubfestigkeiten.

Tabelle 4-23   *Schubfestigkeiten in den Kreuzungsflächen von rechtwinklig mitei-nander verklebten Brettern (Reihen DB 300 und DB 600)*

$f_{v,tor,mean}$ in N/mm²	$f_{v,tor,k}$ in N/mm²	$f_{R,mean}$ in N/mm²	$f_{R,k}$ in N/mm²
3,62	2,75	1,61	1,22

4.4.5   Zusammenfassung

Zur Ermittlung der Tragfähigkeit von Brettsperrholzträgern mit Durchbrü-chen wurden 20 Träger mit je zwei Durchbrüchen und vier Träger mit jeweils zehn Durchbrüchen geprüft. Von den Trägern mit zwei Durchbrü-chen versagten 65% durch Erreichen der Schubfestigkeit in den Kreu-zungsflächen. Die Auswertung der Schubspannungen erfolgte mit Hilfe der in Abschnitt 4.2 hergeleiteten Gleichungen. Zur Ermittlung der erhöh-ten Schubspannungen in unmittelbarer Nähe der Durchbrüche wurden anhand analytischer Betrachtungen und mit Hilfe von Parameterstudien Beiwerte in Abhängigkeit der Durchbruchgröße ermittelt.

Aus den Ergebnissen der Versuchsreihen mit zwei Durchbrüchen wur-den unter Verwendung der Beiwerte Schubfestigkeiten in den Kreu-zungsflächen ermittelten, die gut mit den von Blaß und Görlacher [7] angegebenen Werten und den Ergebnissen der in Abschnitt 2.2.7 be-schriebenen Druckscherversuche übereinstimmen. Das vorgeschlagene Nachweiskriterium und die Ansätze zur Berechnung der Schubspannun-gen in den Kreuzungsflächen konnten damit anhand der Versuchser-gebnisse validiert werden.

Die Versagensmechanismen *„Schubversagen im Bruttoquerschnitt"* und *„Schubversagen im Nettoquerschnitt"* wurden bei keinem der Prüfkörper beobachtet. Für die Reihen DB 300 sind wegen des vergleichsweise großen Querlagenanteils von 25% die aus den Höchstlasten berechneten Schubspannungen im Nettoquerschnitt mit einem Mittelwert von 10,7 N/mm² verhältnismäßig gering. Für die Reihen DB 600 ergeben sich aufgrund des geringeren Querlagenanteils deutlich größere Werte mit einem Mittelwert von 17,8 N/mm². Dieser Wert liegt deutlich über der von Jöbstl et al. [18] angegebenen mittleren Schubfestigkeit rechtwinklig zur Faserrichtung von 12,8 N/mm². Dass ein Schubversagen in den Querlagen bei diesen Versuchsreihen trotzdem nicht beobachtet wurde, deutet auf höhere Schubfestigkeiten bei Abscherbeanspruchungen quer zur Faser hin, als von Jöbstl et al. ermittelt.

Bei der Versuchsreihe DBV mit zehn Durchbrüchen je Träger trat das Versagen bei allen Prüfkörpern durch Erreichen der Biegefestigkeit in Trägerabschnitten mit Durchbrüchen ein. Da bei keinem der vier Prüfkörper die Schubfestigkeit in den Kreuzungsflächen erreicht wurde, sind auf der Grundlage der durchgeführten Versuche keine Aussagen zur Schubtragfähigkeit von Trägern mit mehreren nebeneinander angeordneten Durchbrüchen möglich. Es ist jedoch davon auszugehen, dass sich, mit geringer werdendem Abstand zweier Durchbrüche, die Schubspannungen am Rand benachbarter Durchbrüche zunehmend gegenseitig beeinflussen. Mit Hilfe des Gittermodells durchgeführte Vergleichsrechnungen bestätigen diese Annahme. Durch die für einzelne Durchbrüche ermittelten Beiwerte k_1 bis k_5 werden die aus der Überlagerung der Schubspannungen an benachbarten Durchbrüchen resultierenden Spannungsspitzen nicht mehr zutreffend erfasst. Zur Berechnung der Schubspannungen im Bereich von Durchbrüchen, deren lichter Abstand weniger als das 1,5-fache der Querschnitthöhe beträgt, sind daher Ansätze zu entwickeln, die den Einfluss benachbarter Durchbrüche berücksichtigen.

4.5   Träger mit Ausklinkungen

4.5.1   Allgemeines

Bei ausgeklinkten Brettsperrholzträgern können die Querlagen, wie seitlich aufgeklebte Bretter oder Holzwerkstoffplatten bei ausgeklinkten Brettschichtholzträgern, als Verstärkung betrachtet werden, die zu einer Erhöhung der Tragfähigkeit im Bereich der Ausklinkung führen. Die Klebefugen zwischen Verstärkung und Bauteiloberfläche werden dabei durch rechtwinklig zur Trägerachse wirkende Schubspannungen beansprucht. Bei Brettsperrholz mit nicht verklebten Schmalseiten müssen jedoch nicht nur diese durch die Ausklinkung verursachten Schubspannungen, sondern auch die aus einer Biegebeanspruchung resultierenden Torsionsschubspannungen und Schubspannungen in Richtung der Trägerachse in den Kreuzungsflächen übertragen werden.

4.5.2   Versuchsmaterial

Zur Ermittlung der Tragfähigkeit von Brettsperrholzträgern mit Ausklinkungen wurden drei Versuchsreihen mit insgesamt 15 Biegeversuchen durchgeführt. Geprüft wurden Einfeldträger mit Ausklinkungen an beiden Trägerauflagern. Die Stützweite betrug das 7,5-fache (Versuchsreihen A 300) bzw. 7,75-fache (Versuchsreihen A 600) der Trägerhöhe. Das Verhältnis zwischen der Höhe der Ausklinkung h-h_e und der Trägerhöhe h betrug bei allen Prüfkörpern konstant 0,5. Die Abmessungen der Prüfkörper und der Lagenaufbau der Querschnitte können Bild 4-21 und Bild 4-22 sowie Tabelle 4-24 entnommen werden.

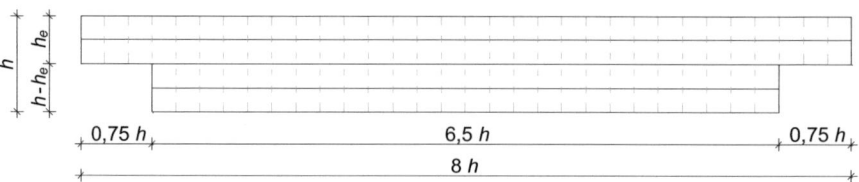

Bild 4-21   Träger mit Ausklinkungen (Reihen A300 und A600)

Tabelle 4-24   *Abmessungen der Prüfkörper für die Versuchsreihen mit Trägern mit Ausklinkungen*

Reihe	Anzahl	Abmessungen in mm					
		h	Σt	L	h_e	c	t_L / t_Q
A 600/200	5	600	150	4800	300	375	40/20
A 300/100	5	300	150	2400	150	150	40/20
A 300/110	5	300	160	2400	150	150	40/30

Die Prüfkörper der Reihe A300/110 sollten ursprünglich mit 12 mm dicken Querlagen hergestellt werden, um ein Versagen durch Erreichen der Zugfestigkeit in den Querlagen zu erzwingen. Da es nicht möglich war, Brettlamellen mit einer Dicke von nur 12 mm auf den zur Verfügung stehenden Anlagen zu verarbeiten, wurden die Querlagen dieser Versuchsreihe stattdessen mit einer Dicke von 30 mm ausgeführt.

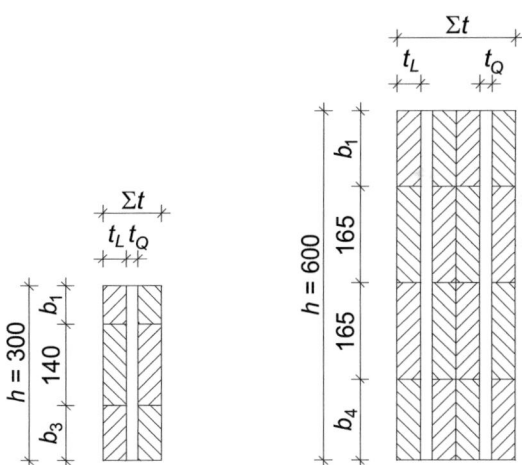

Bild 4-22   *Lagenaufbau und Brettbreiten der Träger mit Durchbrüchen, links: Reihen DB 300, rechts: Reihen DB 600 (Maße in mm)*

Für die Lamellen der Prüfkörper wurden Bretter der Sortierklasse S10 / Festigkeitsklasse C24 verwendet. Zur Überprüfung der Brettqualität wurde, wie zuvor bei den Trägern mit angeschnittenen Rändern und den Trägern mit Durchbrüchen, nach der Versuchsdurchführung von allen Längsbrettern die Rohdichte ermittelt und mit der von der Holzforschung München ermittelten, mittleren Rohdichte für diese Sortierklasse verglichen. Die Vorgehensweise ist in Abschnitt 4.3.2 beschrieben. Die Holzfeuchte der Längsbretter betrug im Mittel 11,7%.

Tabelle 4-25   Träger mit Ausklinkungen – Darrrohdichte der Bretter in den Längslagen in kg/m³

Reihe	Mittelwert Prüfkörper					Mittelwert Versuchsreihe	S10
	1	2	3	4	5		
A 600/200	394	372	391	389	407	391	
A 300/100	430	398	450	410	391	416	412
A 300/110	392	404	396	396	385	395	

4.5.3   Versuchsdurchführung

Die Belastung wurde bis zu einer Last von 30% der geschätzten Höchstlast F_{est} kraftgesteuert mit einer konstanten Belastungsgeschwindigkeit von $0,2 \cdot F_{est}$ pro Minute aufgebracht. Oberhalb von $0,3 \cdot F_{est}$ bis zum Bruch wurde die Belastung weggesteuert mit konstanter Vorschubgeschwindigkeit aufgebracht. Bei allen Versuchen wurde die Geschwindigkeit des Belastungskolbens so gewählt, dass die geschätzte Höchstlast F_{est} innerhalb von 300 s ± 120 s erreicht wurde. Zusätzlich wurde die Rissbreite in den einspringenden Ecken der Ausklinkungen gemessen. Die beiden Versuchsanordnungen sind in Bild 4-23 und Bild 4-24 dargestellt.

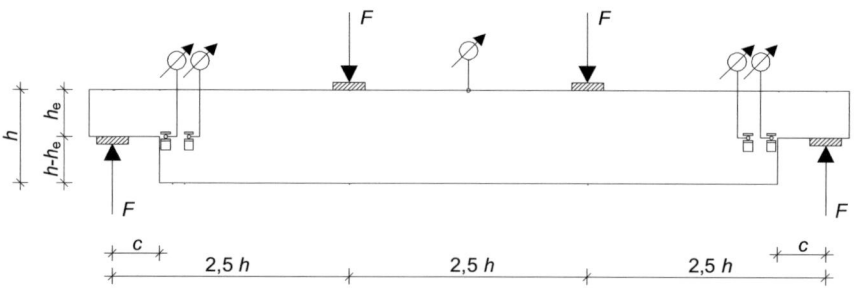

Bild 4-23   Versuchsanordnung Träger mit Ausklinkungen – Reihen A 300

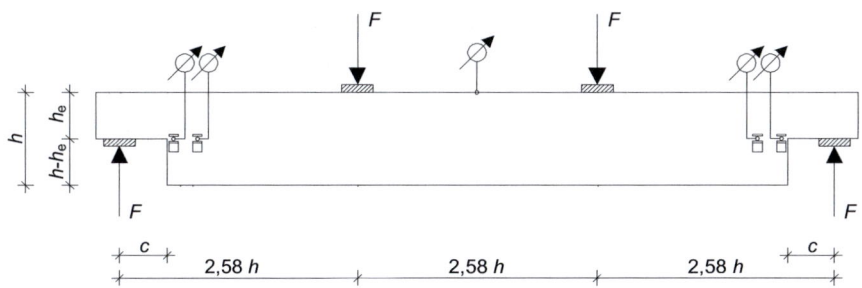

Bild 4-24   Versuchsanordnung Träger mit Ausklinkungen – Reihen A 600

4.5.4   Versuchsergebnisse und Auswertung

Mit Ausnahme der Prüfkörper 2 und 3 der Reihe A 300/100, bei denen Biegebrüche im ausgeklinkten Trägerabschnitt auftraten, versagten alle Prüfkörper durch Erreichen der Schubfestigkeit in den Kreuzungsflächen unmittelbar neben den Ausklinkungen. Bei den Prüfkörpern der Reihe A 600/200, die im Gegensatz zu den Prüfkörpern der Reihen A 300 zwei Querlagen hatten, traten nach dem Schubversagen in den Kreuzungsflächen einer Querlage teilweise auch Zugbrüche in den Brettern der anderen Querlage auf.

Bei der Auswertung der Versuche wurden die unter Höchstlast aufgetretenen Biegespannungen in den ausgeklinkten Trägerabschnitten und die Schubspannungen in den Kreuzungsflächen unmittelbar neben den Ausklinkungen ermittelt. Zusätzlich wurden die in Feldmitte aufgetretenen Biegespannungen und die Zugspannungen in den Querbrettern unmittelbar neben den Ausklinkungen ermittelt.

Bild 4-25   Biegeversagen im ausgeklinkten Trägerabschnitt bei den Prüfkörpern
A 300/100-2 (links) und A 300/100-3 (rechts)

Bild 4-26   Schubversagen in den Kreuzungsflächen neben der Ausklinkung bei den Prüfkörpern A 300/100-1 (links) und A 300/110-4 (rechts)

Bild 4-27   Schubversagen in den Kreuzungsflächen neben der Ausklinkung bei Prüfkörper A 600/200-1 (links und rechts)

Höchstlasten und Biegespannungen:

Mit den in Tabelle 4-24 gegebenen Trägerabmessungen und der Versuchsanordnung nach Bild 4-23 bzw. Bild 4-24 können die auf den Querschnitt der Längslagen bezogenen Biegespannungen $\sigma_{m,net}$ in Feldmitte und im ausgeklinkten Trägerabschnitt $\sigma_{m,net,A}$ nach den Gleichungen (4-42) und (4-43) berechnet werden.

$$\sigma_{m,net} = \frac{M_{L/2}}{W_{net,L/2}} = \frac{15 \cdot F_{max}}{b_{net} \cdot h} \tag{4-42}$$

$$\sigma_{m,net,A} = \frac{M_A}{W_{net,A}} = \frac{6 \cdot c \cdot F_{max}}{b_{net} \cdot h_e^2} \tag{4-43}$$

Die in den Querbrettern im Bereich der Ausklinkungen rechtwinklig zur Stabachse wirkenden Zugkräfte wurden nach den in DIN 1052, Abschnitt 11.4.3 angegebenen Gleichungen für verstärkte Ausklinkungen bei Brettschichtholzträgern berechnet:

$$F_{t,90} = 1,3 \cdot V \cdot \left[3 \cdot \left(1 - \frac{h_e}{h}\right)^2 - 2 \cdot \left(1 - \frac{h_e}{h}\right)^3 \right] \tag{4-44}$$

Für die Prüfkörper aller Versuchsreihen ergibt sich mit $h_e/h = 0,5$ die rechtwinklig zur Stabachse wirkende Zugkraft zu:

$$F_{t,90} = 0,65 \cdot F_{max}$$

Zur Ermittlung der Zugspannung in den Querbrettern unmittelbar neben den Ausklinkungen wurde die wirksame Breite ℓ_r in Trägerlängsrichtung mit dem in DIN 1052 angegebenen Größtwert $\ell_r = 0,5 \ (h - h_e)$ für verstärkte Ausklinkungen in Brettschichtholzträgern angenommen.

Tabelle 4-26   *wirksame Breite ℓ_r der Querlagen neben den Ausklinkungen für die Versuchsreihen A 600 und A 300*

Reihe	A 600/200	A 300/100	A 300/110
ℓ_r in mm	150	75	75

Zur Berücksichtigung einer ungleichmäßigen Verteilung der Zugspannungen über die wirksame Breite ℓ_r wurde, in Anlehnung an DIN 1052, Abschnitt 11.4.3, die unter der Annahme einer gleichmäßigen Verteilung ermittelten Zugspannungen mit dem Beiwert $k_k = 2,0$ multipliziert.

$$\sigma_{t,0,Q} = k_k \cdot \frac{F_{t,90}}{\ell_r \cdot \Sigma t_Q}$$ (4-45)

Tabelle 4-27   Höchstlasten und Biegespannungen bei den Prüfkörpern der
Reihe A 600/200

Reihe	Versuch	F_{max} in kN	$\sigma_{m,net}$ in N/mm²	$\sigma_{m,net,A}$ in N/mm²	$\sigma_{t,0,Q}$ in N/mm²
	1 [S)]	157	25,3	24,5	17,0
	2 [S)]	162	26,2	25,4	17,6
A600/200	3 [S)]	148	23,9	23,2	16,1
	4 [S)]	148	23,9	23,2	16,1
	5 [S)]	158	25,5	24,6	17,1
Mittelwert		155	25,0	24,2	16,7

[B)] Biegeversagen im ausgeklinkten Trägerabschnitt
[S)] Schubversagen in den Kreuzungsflächen neben der Ausklinkung

Tabelle 4-28   Höchstlasten und Biegespannungen bei den Prüfkörpern der
Reihe A 300/100 (Spannungen die zum Versagen führten
sind _unterstrichen_)

Reihe	Versuch	F_{max} in kN	$\sigma_{m,net}$ in N/mm²	$\sigma_{m,net,A}$ in N/mm²	$\sigma_{t,0,Q}$ in N/mm²
	1 [S)]	43,8	27,4	21,9	19,0
	2 [B)]	40,8	25,5	_20,4_	17,7
A300/100	3 [B)]	30,2	18,9	_15,1_	13,1
	4 [S)]	42,7	26,7	21,4	18,5
	5 [S)]	54,6	34,1	27,3	23,7
Mittelwert		42,4	26,5	21,2	18,4

Fußnoten siehe Tabelle 4-27

Tabelle 4-29   *Höchstlasten und Biegespannungen bei den Prüfkörpern der Reihe A 300/110*

Reihe	Versuch	F_{max} in kN	$\sigma_{m,net}$ in N/mm²	$\sigma_{m,net,A}$ in N/mm²	$\sigma_{t,0,Q}$ in N/mm²
A300/100	1 [S)]	40,0	25,0	20,0	11,6
	2 [S)]	33,6	21,0	16,8	9,71
	3 [S)]	29,1	18,2	14,6	8,41
	4 [S)]	40,1	25,1	20,1	11,6
	5 [S)]	33,8	21,1	16,9	9,76
Mittelwert		35,3	22,1	17,7	10,2

Fußnoten siehe Tabelle 4-27

Schubspannungen:

Die Maximalwerte der Torsionsschubspannungen, die in den Kreuzungsflächen unmittelbar neben den Ausklinkungen auftreten, können auf der Grundlage der Gleichungen (4-9), (4-13) oder (4-14) zur Berechnung der Torsionsschubspannung bei prismatischen Stäben ohne Ausklinkungen ermittelt werden, wenn die im Bereich der Ausklinkungen auftretenden Spannungsspitzen durch den Beiwert k_1 erfasst werden:

$$\tau_{tor,A} = k_1 \cdot \tau_{tor} \tag{4-46}$$

mit

$$k_1 = 0,9 \cdot \left(\frac{h_e}{h}\right)^{k_p} \tag{4-47}$$

$$k_p = -1,45 \cdot \left(\frac{c}{h}\right)^{2/3} \tag{4-48}$$

Der Beiwert k_1 wurde mit Hilfe einer Parameterstudie ermittelt, die mit Hilfe des in Abschnitt 1 beschriebenen Gittermodells durchgeführt wurde (siehe Anlage 2). Wegen des begrenzten Umfangs der Parameterstudie gilt der Beiwert nur bei Einhaltung folgender Randbedingungen:

- Abstand der Auflagerkraft von der Ausklinkungsecke $c \leq 0,5 \cdot h$

- Höhe der Ausklinkung $h - h_e \leq 0,5 \cdot h$

Für die Prüfkörper der Reihen DB 300 und DB 600 ergeben sich die in Tabelle 4-16 zusammengestellten Beiwerte.

Tabelle 4-30   *Beiwerte zur Ermittlung der Torsionsschubspannungen in den Kreuzungsflächen neben den Ausklinkungen für die Prüfkörper der Reihen A 600/200, A300/100 und A 300/110*

Reihe	A 600/200	A 300/100	A300/110
k_1	1,88	1,70	1,70

Die rechtwinklig zur Stabachse wirkende Schubspannungskomponente wird mit der Kraft $F_{t,90}$ nach Gleichung (4-44) berechnet. Die Spannungsverteilung wird über die wirksame Breite ℓ_r (siehe Tabelle 4-26) sowie in Richtung der Querschnittshöhe als konstant angenommen. Der Betrag der in den Kreuzungsflächen wirkenden Schubspannung rechtwinklig zur Trägerachse kann damit nach Gleichung (4-49) berechnet werden.

$$\tau_{y,A} = \frac{F_{t,90,A}}{2 \cdot n_{KF} \cdot \ell_r \cdot (h - h_e)} \qquad (4\text{-}49)$$

Der Nachweis der Schubspannungen in den Kreuzungsflächen neben Ausklinkungen kann, unter Vernachlässigung der Schubspannungen τ_x in Richtung der Trägerache geführt werden.

$$\frac{\tau_{tor}}{f_{v,tor}} + \frac{\tau_y}{f_R} \leq 1 \qquad (4\text{-}50)$$

Zusätzlich zum Nachweis der erhöhten Schubspannungen in den Kreuzungsflächen unmittelbar neben der Ausklinkung muss bei Trägern mit Ausklinkungen der Schubspannungsnachweis im ausgeklinkten Trägerabschnitt geführt werden. Die Schubspannungen in den Kreuzungsflächen können dabei wie für prismatische Stäbe mit der Höhe h_e ohne Ausklinkungen nach den in Abschnitt 4.2 angegebenen Gleichungen berechnet werden. Beim Nachweis der Schubspannungen in den Brettquerschnitten (Versagensmechanismen 1 und 2) können die Schubspannung nach Gleichung (4-1) bzw. Gleichung (4-2) mit $T = 1{,}5 \cdot V$ ermittelt werden.

Bei den Prüfkörpern aller Reihen waren unterschiedliche Brettbreiten in den Längs- und Querlagen vorhanden. Die Brettbreite in den Querlagen war innerhalb der Versuchsreihen konstant. Sie betrug 135 mm bei den Prüfkörpern der Reihe A 300/100 sowie 165 mm bei den Prüfkörpern der Reihe A 300/110. Für die Querlagen der Reihe A 600/200 wurden 105 mm breite Bretter verwendet. Für die Längslagen wurden ebenfalls Bretter mit einheitlicher Breite verwendet. Da die Höhe der Prüfkörper jedoch kein ganzzahliges Vielfaches der Brettbreite war, waren die Lamellen der Längslagen an mindestens einem Querschnittsrand der Länge nach aufgetrennt. Die Brettbreiten in den Längslagen der einzelnen Prüfkörper sind in Tabelle 4-31 zusammengestellt.

Tabelle 4-31   Brettbreiten in den Längslagen bei den Prüfkörpern der Reihen A 600 und A 300

Ver-such	A 600/200					A 300/100			A 300/110		
	b_1	b_2	b_3	b_4	b_5	b_1	b_2	b_3	b_1	b_2	b_3
	in mm					in mm			in mm		
1	150	165	165		120	135	140	25	140	140	20
2	105	165	165		165	55	140	105	89	140	71
3	60	165	165	165	45	38	140	122	44	140	116
4	114	165	165		156	65	140	95	57	140	103
5	156	165	165		114	20	140	140	35	140	125

Wegen der unterschiedlichen Brettbreiten in den Längslagen wurde die Torsionsschubspannung in den Kreuzungsflächen bei allen Prüfkörpern nach Gleichung (4-14) berechnet. Die aus den Höchstlasten berechneten Schubspannungen τ_{tor} und τ_y für den Nachweis im Versagensmechanismus 3 sind in Tabelle 4-32 bis Tabelle 4-34 zusammengestellt.

Tabelle 4-32   Schubspannungen bei den Prüfkörpern der Reihe A 600/200 (Spannungen die zum Versagen führten sind underlined)

Reihe	Versuch	$\tau_{tor,A}$ in N/mm²	$\tau_{x,A}$ in N/mm²	$\tau_{y,A}$ in N/mm²
	1 [S]	<u>2,98</u>	0,52	<u>0,57</u>
	2 [S]	<u>3,31</u>	0,56	<u>0,59</u>
A 600/200	3 [S]	<u>2,01</u>	0,57	<u>0,54</u>
	4 [S]	<u>2,91</u>	0,50	<u>0,54</u>
	5 [S]	<u>3,10</u>	0,53	<u>0,57</u>
Mittelwert		2,86	0,54	0,56

[B] Biegeversagen in den Brettern der Längslagen

[S] Schubversagen in den Kreuzungsflächen

Tabelle 4-33   Schubspannungen bei den Prüfkörpern der Reihe A 300/100 (Spannungen die zum Versagen führten sind underlined)

Reihe	Versuch	$\tau_{tor,A}$ in N/mm²	$\tau_{x,A}$ in N/mm²	$\tau_{y,A}$ in N/mm²
	1 [S]	<u>1,68</u>	0,80	<u>1,27</u>
	2 [B]	<u>1,19</u>	1,11	<u>1,18</u>
A 300/100	3 [B]	<u>0,82</u>	0,88	<u>0,87</u>
	4 [S]	<u>1,30</u>	1,11	<u>1,23</u>
	5 [S]	<u>1,12</u>	0,85	<u>1,58</u>
Mittelwert		<u>1,22</u>	0,95	<u>1,23</u>

Fußnoten siehe Tabelle 4-32

Tabelle 4-34   *Schubspannungen bei den Prüfkörpern der Reihe A 300/110 (Spannungen die zum Versagen führten sind* <u>*unterstrichen*</u>*)*

Reihe	Versuch	$\tau_{tor,A}$ in N/mm²	$\tau_{x,A}$ in N/mm²	$\tau_{y,A}$ in N/mm²
	1 S)	<u>1,53</u>	0,71	<u>1,16</u>
	2 S)	<u>1,05</u>	0,79	<u>0,97</u>
A 300/100	3 S)	<u>0,78</u>	0,83	<u>0,84</u>
	4 S)	<u>1,12</u>	1,08	<u>1,16</u>
	5 S)	<u>0,88</u>	1,00	<u>0,98</u>
Mittelwert		1,15	0,88	1,02

Fußnoten siehe Tabelle 4-32

Die Schubspannungen τ_x wurden bei der Ermittlung der Festigkeiten nicht berücksichtigt, da in den Versuchen auch bei Prüfkörpern mit sehr schmalen Brettern am oberen Querschnittsrand kein Abscheren der Längsbretter in den oberen Ecken der Querschnitte beobachtet wurde. Die Versagensmechanismen 1 und 2 wurden bei der Auswertung ebenfalls nicht berücksichtigt, da bei keinem der Prüfkörper Schubversagen in den Längs- oder Querbrettern beobachtet wurde.

Wie bei den Trägern mit Durchbrüchen wurde zur Ermittlung der Torsions- und Rollschubfestigkeiten anhand der berechneten Spannungskomponenten ein konstantes Verhältnis der beiden Festigkeitskennwerte angenommen.

$$\frac{f_{v,tor}}{f_R} = \frac{3,6}{1,6} = 2,25$$

Für die insgesamt 13 Prüfkörper der Versuchsreihen A 600 und A 300, bei denen das Erreichen der Schubfestigkeit in den Kreuzungsflächen Ursache des Versagens war, ergeben sich damit die in Tabelle 4-35 angegebenen Torsions- und Rollschubfestigkeiten.

Tabelle 4-35   Schubfestigkeiten in den Kreuzungsflächen von rechtwinklig mitei-
nander verklebten Brettern (Reihen A 600 und A 300)

$f_{v,tor,mean}$ in N/mm²	$f_{v,tor,k}$ in N/mm²	$f_{R,mean}$ in N/mm²	$f_{R,k}$ in N/mm²
3,90	2,67	1,73	1,19

4.5.5   Zusammenfassung

Zur Ermittlung der Tragfähigkeit von Brettsperrholzträgern mit Ausklinkungen wurden 15 Träger mit konstantem Verhältnis h_e/h und nahezu
konstantem Verhältnis c/h geprüft. Bei 87% der geprüften Träger war
das Erreichen der Schubfestigkeit in den Kreuzungsflächen unmittelbar
neben den Ausklinkungen Ursache des Versagens. Die unter den
Höchstlasten erreichten Schubspannungen in den Kreuzungsflächen
wurden mit Hilfe der in Abschnitt 4.2 hergeleiteten Gleichungen berechnet. Spannungsspitzen im Bereich der Ausklinkungen wurden durch
einen Beiwert zur Erhöhung der Torsionsschubspannungen berücksichtigt, der mit Hilfe einer Parameterstudie ermittelt wurde. Die Versagensmechanismen 1 und 2 blieben bei der Versuchsauswertung unberücksichtigt, da diese bei den durchgeführten Versuchen nicht auftraten. Bei
der Ermittlung der Festigkeiten in den Kreuzungsflächen wurde angenommen, dass die Schubspannungen τ_y rechtwinklig zur Trägerachse
für den Spannungsnachweis maßgebend sind.

Die aus den Versuchsergebnissen ermittelten Schubfestigkeiten stim-
men, wie bereits bei den Trägern mit Durchbrüchen, gut mit den von
Blaß und Görlacher [7] angegebenen Werten und den Ergebnissen der
Druckscherversuche zur Ermittlung der Rollschubfestigkeit überein.

4.6   Queranschlüsse

4.6.1   Allgemeines

Bei Queranschlüssen in Bauteilen aus Brettsperrholzträgern, die in Richtung der Plattenebene beansprucht werden, wirken die Querlagen wie seitlich aufgeklebte Bretter oder Holzwerkstoffplatten bei verstärkten Queranschlüssen in Brettschichtholz. Während bei Queranschlüssen in Brettschichtholz die Verstärkungen nur für die rechtwinklig zur Faserrichtung wirkende Kraftkomponente bemessen werden müssen, können in den Kreuzungsflächen von Bauteilen aus Brettsperrholz auch aus einer Biegebeanspruchung resultierende Torsionsschubspannungen und Schubspannungen in Richtung der Trägerachse auftreten, die beim Nachweis der Schubspannungen in den Kreuzungsflächen ebenfalls zu berücksichtigen sind.

4.6.2   Versuchsmaterial

Zur Ermittlung der Tragfähigkeit von Brettsperrholzträgern mit Queranschlüssen wurden zwei Versuchsreihen mit jeweils 5 Versuchen durchgeführt. Geprüft wurden Einfeldträger mit Queranschlüssen an den Trägerauflagern und in Feldmitte. Die Stützweite betrug bei beiden Versuchsreihen das 3,5-fache der Trägerhöhe. Alle Queranschlüsse wurden mit Vollgewindeschrauben mit einem Durchmesser von 6 mm hergestellt, die bis zur Mitte der Trägerhöhe eingedreht wurden. Die Länge der Queranschlüsse in Richtung der Trägerachse betrug 90 mm bei den Anschlüssen am Trägerauflager und 150 mm bei den Anschlüssen in Feldmitte. Die Abmessungen und der Lagenaufbau der Prüfkörper können Bild 4-28 sowie Tabelle 4-36 entnommen werden.

Tabelle 4-36   *Abmessungen der Prüfkörper für die Versuchsreihen mit Trägern mit Queranschlüssen*

Reihe	Anzahl	Abmessungen in mm				
		h	Σt	L	t_L	t_Q
Q 300/95	5	300	100	1200	40	15
Q 300/110	5	300	110	1200	40	30

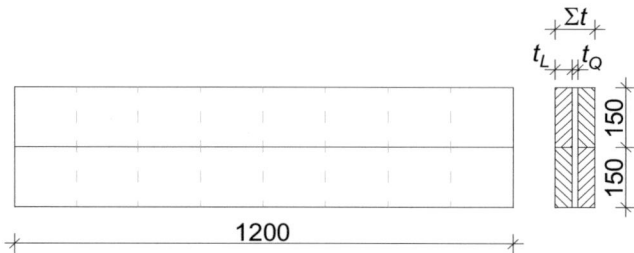

Bild 4-28   Träger mit Queranschlüssen (Reihen Q300/100 und Q300/110) –
Ansicht und Lagenaufbau (Maße in mm)

Die Lamellen der Prüfkörper wurden aus Brettern der Sortierklasse S10 /
Festigkeitsklasse C24 hergestellt. Die Brettbreite in den Längs- und Querlagen betrug bei beiden Versuchsreihen konstant 150 mm. Zur Überprüfung
der Brettqualität wurde nach der Versuchsdurchführung von allen Längsbrettern die Rohdichte ermittelt und mit der von der Holzforschung München
ermittelten, mittleren Rohdichte für diese Sortierklasse verglichen. Die Vorgehensweise ist in Abschnitt 4.3.2 beschrieben. Die Holzfeuchte der Längsbretter betrug im Mittel 9,6%.

Tabelle 4-37   Träger mit Queranschlüssen – Darrrohdichte der Bretter in den
Längslagen in kg/m³

Reihe	Mittelwert Prüfkörper					Mittelwert Versuchsreihe	S10
	1	2	3	4	5		
Q 300/95	440	435	398	394	420	417	412
Q 300/110	425	423	435	439	415	427	

4.6.3   Versuchsdurchführung

Die Belastung wurde bis zu einer Last von 30% der geschätzten Höchstlast F_{est} kraftgesteuert mit einer konstanten Belastungsgeschwindigkeit
von $0,2 \cdot F_{est}$ pro Minute aufgebracht. Oberhalb von $0,3 \cdot F_{est}$ bis zum
Bruch wurde die Belastung weggesteuert mit konstanter Vorschubgeschwindigkeit aufgebracht. Bei allen Versuchen wurde die Geschwindigkeit des Belastungskolbens so gewählt, dass die geschätzte Höchstlast

F_{est} innerhalb von 300 s ± 120 s erreicht wurde. Die Versuchsanordnung ist in Bild 4-29 dargestellt.

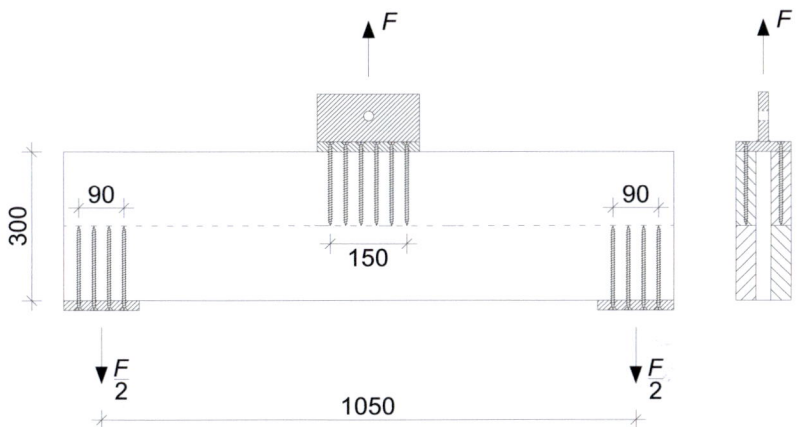

Bild 4-29   Versuchsanordnung Träger mit Queranschlüssen
Reihen Q 300/100 und Q 300/110 (Maße in mm)

4.6.4   Versuchsergebnisse und Auswertung

Bei fünf der insgesamt zehn Versuche versagten die auf Herausziehen beanspruchten Schraubenverbindungen bevor die Tragfähigkeit der Brettsperrholzträger erreicht wurde. Die restlichen fünf Träger versagten durch Erreichen der Schubfestigkeit in den Kreuzungsflächen, drei davon in Trägermitte, zwei an einem der beiden Auflager.

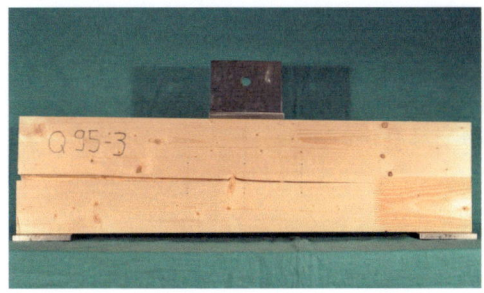

Bild 4-30   Schubversagen in den Kreuzungsflächen an den Auflagern bei
den Prüfkörpern Q 300/95-3 (links) und Q 300/110-1 (rechts)

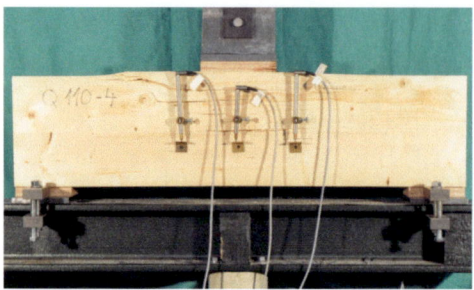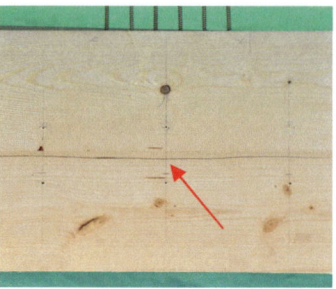

Bild 4-31   Schubversagen in den Kreuzungsflächen in Trägermitte bei den
Prüfkörpern Q 300/110-4 (links) und Q 300/110-5 (rechts)

Bei der Auswertung der Versuche wurden die unter der Höchstlast aufgetretenen Schubspannungen in den Kreuzungsflächen und die Zugspannungen in den Querbrettern an den Auflagern und in Trägermitte ermittelt. Grundsätzlich können auch bei Biegeträgern mit Queranschlüssen
die Schubspannungen in den Kreuzungsflächen mit Hilfe der Gleichungen (4-9), (4-13) oder (4-14) zur Berechnung der Torsionsschubspannung bei prismatischen Stäben berechnet werden. Aufgrund der sehr
kleinen Spannweite liefern die in Abschnitt 4.2 angegebenen Gleichungen jedoch für die geprüften Träger keine zutreffenden Ergebnisse. Die
Torsionsschubspannungen und die Schubspannungen in Richtung der
Trägerachse wurden daher mit Hilfe des in Abschnitt 1 beschriebenen
Gittermodells ermittelt (siehe Tabelle 4-38)

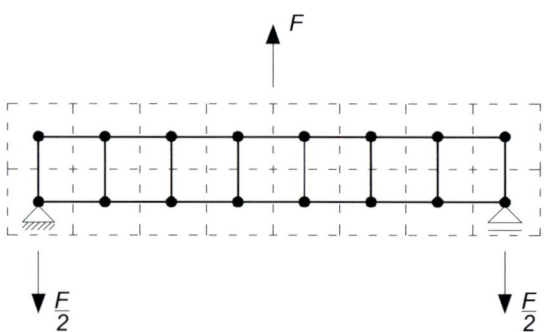

Bild 4-32   Gittermodell zur Ermittlung der Schubspannungen in den Kreuzungs-
flächen bei den Prüfkörpern der Reihen Q300/95 und Q300/110

Tabelle 4-38   *Träger mit Queranschlüssen – Schubspannungen in den Kreuzungsflächen für F = 100 kN*

Reihe	$\tau_{tor,Mitte}$ in N/mm²	$\tau_{x,Mitte}$ in N/mm²	$\tau_{tor,Auflager}$ in N/mm²	$\tau_{x,Auflager}$ in N/mm²
nach Abschnitt 4.2	1,25	0,83	1,25	0,83
Gittermodell	0,45	0,22	0,89	0,51
Verhältnis	2,78	3,77	1,40	1,63

Im Gittermodell treten in den Querbrettern unmittelbar neben den Knoten, in denen die Lasteinleitung erfolgt nur noch geringe Normalkräfte auf. Da bei den Prüfkörpern die maximale Länge der Queranschlüsse gerade der Breite eines Querbrettes entspricht, wurde bei der Ermittlung der in den Kreuzungsflächen rechtwinklig zur Trägerachse wirkenden Schubspannungskomponente angenommen, dass die Übertragung der Kraft $F_{t,90}$ über die Kreuzungsflächen eines einzigen Querbrettes erfolgt.

$$\tau_{y,Q} = \frac{F_{t,90,Q}}{n_{KF} \cdot a \cdot b_Q} \tag{4-51}$$

Dabei ist

$F_{t,90,Q}$ über die Kreuzungsflächen zu übertragende Kraftkomponente rechtwinklig zur Trägerachse

a Abstand des (obersten) Verbindungsmittels vom beanspruchten Rand

n_{KF} Anzahl der Klebefugen zwischen Längs- und Querlagen in Richtung der Bauteildicke

b_Q Brettbreite in den Querlagen

Entsprechend ergibt sich die Zugspannung in den Querbrettern zu:

$$\sigma_{t,0,Q} = \frac{F_{t,90,Q}}{\Sigma t_Q \cdot b_Q} \tag{4-52}$$

Die Zugkraft $F_{t,90,d}$ kann nach DIN 1052, Abschnitt 11.4.2 berechnet werden als:

$$F_{t,90,Q} = \left[1 - 3 \cdot \left(\frac{a}{h} \right)^2 + 2 \cdot \left(\frac{a}{h} \right)^3 \right] \cdot F_{90} \tag{4-53}$$

mit

F_{90} Anschlusskraft rechtwinklig zur Trägerachse

Für die Anschlüsse bei den Prüfkörpern der Reihen Q300/95 und Q300/110 ergibt sich mit $a/h = 0{,}5$:

$$F_{t,90,Q} = 0{,}5 \cdot F_{max} \qquad \text{für den Anschluss in Trägermitte}$$

bzw.

$$F_{t,90,Q} = 0{,}25 \cdot F_{max} \qquad \text{für die Anschlüsse an den Trägerauflagern}$$

Die Höchstlasten und die daraus berechneten Schubspannungen in den Kreuzungsflächen und Zugspannungen in den Querbrettern sind in Tabelle 4-39 und Tabelle 4-40 zusammengestellt.

Zur Ermittlung der in den Versuchen erreichten Torsions- und Rollschubfestigkeiten in den Kreuzungsflächen wurde wie bei den Auswertung der Versuchsreihen mit Trägern mit Durchbrüchen und Ausklinkungen (siehe Abschnitt 4.4.4 und 4.5.4) ein konstantes Verhältnis der beiden Größen von $f_{v,tor} / f_R = 2{,}25$ angenommen. In Tabelle 4-41 sind die Mittelwerte und die geschätzten 5%-Quantile der Torsions- und Rollschubfestigkeit angegeben, die aus den Ergebnissen der insgesamt fünf Prüfkörper ermittelt wurden, bei denen das Versagen durch Erreichen der Schubfestigkeit in den Kreuzungsflächen eintrat. Die ermittelten Schubfestigkeiten in den Kreuzungsflächen stimmen gut mit den Ergebnissen der in den vorangegangenen Abschnitten beschriebenen Versuche überein.

Für die Prüfkörper, bei denen das Versagen durch Erreichen der Ausziehtragfähigkeit der Schraubenverbindungen erreicht wurde, wurde aus den Höchstlasten der Ausziehparameter f_1 der Schrauben berechnet. Im Mittel ergab sich ein Ausziehparameter von nur 9,40 N/mm², der damit deutlich geringer ist, als der in Ausziehversuchen ermittelte Ausziehparameter der verwendeten Schrauben mit einem Mittelwert von 16,0 N/mm². Eine mögliche Ursache hierfür könnten Wechselwirkungen mit den im Bereich der Queranschlüsse auftretenden Rollschubbeanspruchungen in den Längsbrettern sein (Bild 4-33). Zur Erklärung der geringen Ausziehtragfähigkeiten sind jedoch weitere Versuche erforderlich. Die geringen Tragfähigkeiten der Schraubenverbindungen zeigen jedenfalls deutlich, dass eine Bemessung von rechtwinklig zur Faserrichtung eingedrehten und auf Herausziehen beanspruchten Vollgewindeschrauben in Bauteilen aus Brettsperrholz mit den in den Zulassungen der Schrauben angegebenen Ausziehparametern zu unsicheren Ergebnissen führt.

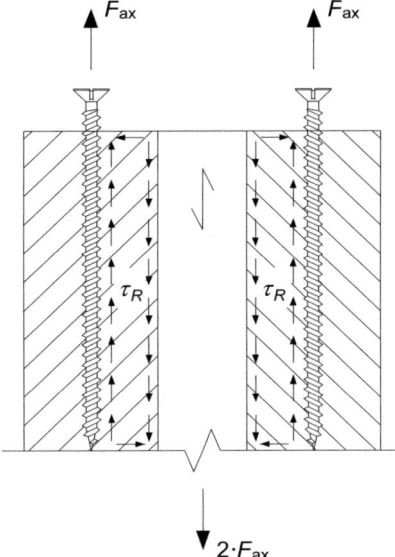

Bild 4-33   *Bei Anschlüssen mit rechtwinklig zur Faserrichtung eingedrehten, auf Herausziehen beanspruchten Vollgewindeschrauben in Bauteilen aus Brettsperrholz treten in den Brettlamellen, in denen die Anschlüsse liegen Rollschubspannungen auf*

Tabelle 4-39   *Höchstlasten, Schubspannungen in den Kreuzungsflächen*
sowie Zugspannungen in den Querlagen und Ausziehpara-
meter der Schrauben bei den Prüfkörpern der Reihe Q300/95
(Spannungen die zum Versagen führten sind <u>*unterstrichen*</u>*)*

Reihe	Versuch	F_{max} in kN	$\tau_{tor,Q}$ in N/mm²	$\tau_{x,Q}$ in N/mm²	$\tau_{y,Q}$ in N/mm²	$\sigma_{t,0,Q}$ in N/mm²	f_1 in N/mm²
	1 [H]	100	0,45	0,22	1,31	24,4	<u>9,92</u>
	2 [H]	111	0,50	0,24	1,45	27,1	11,0
Q300/95 Mitte	3 [S]	124	0,56	0,27	1,63	30,4	12,3
	4 [H]	134	0,60	0,29	1,49	29,8	12,4
	5 [H]	134	0,60	0,29	1,49	29,8	12,4
Mittelwert			0,54	0,26	1,47	28,3	11,6
	1 [H]	100	0,89	0,51	0,65	12,2	7,44
	2 [H]	111	0,99	0,56	0,73	13,5	<u>8,25</u>
Q300/95 Auflager	3 [S]	124	<u>1,11</u>	0,63	<u>0,81</u>	15,2	9,24
	4 [H]	134	1,20	0,68	0,74	14,9	<u>9,30</u>
	5 [H]	134	1,20	0,68	0,74	14,9	<u>9,31</u>
Mittelwert			1,08	0,61	0,74	14,1	8,71

[H] Versagen der Schraubenverbindung auf Herausziehen

[S] Schubversagen in den Kreuzungsflächen

Tabelle 4-40   *Höchstlasten, Schubspannungen in den Kreuzungsflächen*
sowie Zugspannungen in den Querlagen und Ausziehpara-
meter der Schrauben bei den Prüfkörpern der Reihe Q300/110
(Spannungen die zum Versagen führten sind <u>*unterstrichen*</u>*)*

Reihe	Versuch	F_{max} in kN	$\tau_{tor,Q}$ in N/mm²	$\tau_{x,Q}$ in N/mm²	$\tau_{y,Q}$ in N/mm²	$\sigma_{t,0,Q}$ in N/mm²	f_1 in N/mm
	1 [S]	142	0,64	0,31	1,58	15,8	13,2
	2 [S]	107	<u>0,48</u>	0,23	<u>1,19</u>	11,9	9,92
Q300/110 Mitte	3 [H]	110	0,49	0,24	1,23	12,3	<u>10,2</u>
	4 [S]	133	<u>0,60</u>	0,29	<u>1,48</u>	14,8	12,3
	5 [S]	138	<u>0,62</u>	0,30	<u>1,53</u>	15,3	12,8
Mittelwert			0,56	0,27	1,40	14,0	11,7
	1 [S]	142	<u>1,27</u>	0,72	<u>0,79</u>	7,90	9,88
	2 [S]	107	0,96	0,55	0,60	5,95	7,44
Q300/110 Auflager	3 [H]	110	0,99	0,56	0,61	6,13	7,66
	4 [S]	133	1,19	0,68	0,74	7,40	9,25
	5 [S]	138	1,23	0,70	0,77	7,65	9,56
Mittelwert			1,13	0,64	0,70	7,01	8,76

Fußnoten siehe Tabelle 4-39

Tabelle 4-41   *Schubfestigkeiten in den Kreuzungsflächen von rechtwinklig*
miteinander verklebten Brettern (Reihen A 600 und A 300)

$f_{v,tor,mean}$ in N/mm²	$f_{v,tor,k}$ in N/mm²	$f_{R,mean}$ in N/mm²	$f_{R,k}$ in N/mm²
3,43	2,34	1,52	1,04

4.6.5   Zusammenfassung

Zur Ermittlung der Tragfähigkeit von Queranschlüssen bei in Plattenebene beanspruchten Brettsperrholzträgern wurden 10 kurze Biegeträger mit Queranschlüssen an den Auflagern und in Trägermitte geprüft. Da die in Abschnitt 4.2 angegebenen Gleichungen zur Berechnung der Schubspannungen in den Kreuzungsflächen erst im Laufe des Forschungsvorhabens entstanden, wurden das Tragverhalten und die Tragfähigkeit der Queranschlüsse bei der Planung der Versuche am Beginn des Förderzeitraumes nicht zutreffend eingeschätzt. Infolgedessen trat das gewünschte Versagen durch Erreichen der Schubfestigkeit in den Kreuzungsflächen nur bei der Hälfte der Versuche auf.

Wegen der kurzen Stützweite der Träger wurden die unter den Höchstlasten erreichten Schubspannungen in den Kreuzungsflächen mit Hilfe eines Gittermodells berechnet. Die aus den Versuchsergebnissen ermittelten Schubfestigkeiten sind im Vergleich mit den bei Trägern mit Durchbrüchen und Ausklinkungen ermittelten Werten etwas geringer, stimmen aber dennoch gut mit den von Blaß und Görlacher [7] angegebenen Werten und den Ergebnissen der Druckscherversuche zur Ermittlung der Rollschubfestigkeit überein.

5 Zusammenfassung und Ausblick

Im Rahmen dieses Forschungsvorhabens wurden neue Ansätze für die Biege- und Schubbemessung von stabförmigen Bauteilen aus Brettsperrholz bei Beanspruchung in Plattenebene entwickelt. Mit Hilfe der numerischen Simulation von Tragfähigkeitsversuchen konnte die Biegefestigkeit von in Plattenebene beanspruchten Brettsperrholzträgern in Abhängigkeit des Querschnittaufbaus ermittelt werden. Vergleichende Versuche zur Ermittlung der Biegefestigkeit bestätigen die Ergebnisse der numerischen Simulation mit guter Übereinstimmung.

Für die Schubbemessung von in Plattenebene beanspruchten Biegeträgern aus Brettsperrholz wurde auf der Grundlage der Verbundtheorie und bereits bestehender Bemessungsansätze für Scheiben aus Brettsperrholz ein neues Verfahren entwickelt, mit dessen Hilfe die Schubspannungen bei in Plattenebene beanspruchten, stabförmigen Bauteilen in Abhängigkeit des Querschnittaufbaus ermittelt werden können.

Die neu entwickelten Ansätze ermöglichen eine differenziertere und damit wirtschaftlichere Bemessung von Biegeträgern aus Brettsperrholz als dies mit den bislang zur Verfügung stehenden Bemessungsansätzen möglich war.

Die Ergebnisse der durchgeführten numerischen Simulationen deuten darauf hin, dass bei Brettsperrholzträgern die Biegefestigkeit mit zunehmender Länge der Bauteile nicht so stark abnimmt wie bei Bauteilen aus Brettschichtholz. Eine Ursache hierfür könnte der mehrlagige Aufbau von Brettsperrholzquerschnitten sein. Es ist vorgesehen im Anschluss an das Forschungsvorhaben weitere Simulationsrechnungen durchzuführen, um den Einfluss der Trägerlänge auf die Biegefestigkeit zu untersuchen. Da bislang nur Brettsperrholzträger mit visuell sortierten Lamellen simuliert wurden, ist außerdem vorgesehen, mit Hilfe der numerischen Simulation auch die Biegefestigkeit von Trägern mit maschinell sortierten Lamellen zu ermitteln.

6 Literatur

[1]   Europäisch Technische Zulassung ETA-11/0189 vom 10. Juni 2011. Deutsches Institut für Bautechnik

[2]   Europäisch Technische Zulassung ETA-11/0210 vom 20. September 2011. Deutsches Institut für Bautechnik

[3]   Jeitler, G.; Brandner, R., (2008): Modellbildung für DUO-, TRIO- und QUATTRO-Querschnitte. In: Modellbildung für Produkte und Konstruktionen aus Holz – Bedeutung von Simulation und Experiment, Tagungsband zur 7. Grazer Holzbau Fachtagung, S. C-1 - C-9; Verlag der Technischen Universität Graz

[4]   Colling F., (1990): Tragfähigkeit von Biegeträgern aus Brettschichtholz in Abhängigkeit von den festigkeitsrelevanten Einflussgrößen. Universität Karlsruhe (TH), Dissertation

[5]   Frese, M. (2006): Biegefestigkeit von Brettschichtholz aus Buche. Karlsruher Berichte zum Ingenieurholzbau, Universität Karlsruhe (TH), Lehrstuhl für Ingenieurholzbau und Baukonstruktionen

[6]   Blaß, H. J.; Frese, M.; Glos, P.; Denzler, J.; Linsenmann, P.; Ranta-Maunus, A., (2009): Zuverlässigkeit von Fichten-Brettschichtholz mit modifiziertem Aufbau. Karlsruher Berichte zum Ingenieurholzbau, Universität Karlsruhe (TH), Lehrstuhl für Ingenieurholzbau und Baukonstruktionen

[7]   Blaß, H. J.; Görlacher, R. (2002): Zum Trag- und Verformungsverhalten von Brettsperrholzelementen bei Beanspruchung in Plattenebene. In: Bauen mit Holz 104, 2002, H. 11 S. 34-41, H. 12 S. 30-34.

[8]   DIN 4074-1:2008-12: Sortierung von Holz nach der Tragfähigkeit – Teil 1: Nadelschnittholz

[9]   DIN EN 408: Holzbauwerke – Bauholz für tragende Zwecke und Brettschichtholz – Bestimmung einiger physikalischer und mechanischer Eigenschaften; Deutsche Fassung EN 408:2003

[10] Traetta, G.; Bogensperger, T.; Moosbrugger, T.; Schickhofer, G.:
      Verformungsverhalten   von   Brettsperrholzplatten   unter
      Schubbeanspruchung in der Ebene. In: 5. GraHFT'06,
      Tagungsband, Brettsperrholz – Ein Blick auf Forschung und
      Entwicklung. (2006), S. H1 - H16

[11] Isaksson T., (1999): Modelling the Variability of Bending Strength
      in Structural Timber. Lund University, Department of Structural
      Engineering, Report TVBK-1015

[12] Kollmann, F. (1982): Technologie des Holzes und der Holzwerk-
      stoffe. Zweite Auflage, Erster Band (Reprint), Springer Verlag,
      Berlin

[13] Görlacher, R. (2002): Ein Verfahren zur Bestimmung des Roll-
      schubmoduls von Holz. In: Holz als Roh- und Werkstoff 60, 2002,
      Springer-Verlag, S. 317-322

[14] Aicher, S., Dill-Langer, G.: Basic considerations to rolling shear
      modulus in wooden boards. In: Otto-Graf Journal, 2000

[15] DIN 1052:2008-12: Entwurf, Berechnung und Bemessung von
      Holzbauwerken – Allgemeine Bemessungsregeln und Bemes-
      sungsregeln für den Hochbau

[16] DIN   EN   1194:   Holzbauwerke   –   Brettschichtholz   –
      Festigkeitsklassen und Bestimmung charakteristischer Werte;
      Deutsche Fassung EN 1194:1999

[17] Blaß, H. J.; Fellmoser, P. (2003): Bemessung von Mehrschichtplat-
      ten. In: Bauen mit Holz 105 (2003) H. 8 S. 36-39, H. 9 S. 37-39.

[18] Jöbstl, R.-A.; Bogensperger, T.; Schickhofer, G.: In-Plane Shear
      Strength of Cross Laminated Timber. In: Proceedings. CIB-W18
      Meeting 41, St. Andrews, Canada 2008, Paper 41-12-3.

7 Sonstige Hilfsmittel

Die Berechnungen am Gittermodell wurden mit Hilfe des Stabwerksprogramms RSTAB durchgeführt.

RSTAB Version 6.03.3331
Ingenieur-Software Dlubal GmbH
Am Zellweg 2
D-93464 Tiefenbach
www.dlubal.de

Für die numerische Simulation von Biegeversuchen mit in Plattenebene beanspruchten Brettsperrholzträgern wurde die Finite-Elemente Software ANSYS verwendet. Beide Teile des Rechenmodells (Simulationsprogramm und FE-Modell) wurden in der softwareeigenen Programmiersprache APDL geschrieben.

ANSYS Release 13.0 UP20101012
ANSYS, Inc.
Southpointe
275 Technology Drive
Canonsburg, PA 15317
www.ansys.com

Anlagen

Anlage 1

Eigenschaften der Brettlamellen in den Längslagen der Prüfkörper und Ergebnisse der Versuchsreihen zur Ermittlung der Biegefestigkeit bei Beanspruchung in Plattenebene.

In den Spaltenüberschriften der Tabellen auf den nachfolgenden Seiten bedeuten

PK   Prüfkörper Nr.

E_{dyn} dynamischer Elastizitätsmodul der Brettlamellen in N/mm²

ρ_0 Darrrohdichte der Brettlamellen in kg/m³

SK   nach DIN 4074-1 [8] ermittelte Sortierklasse der Brettlamellen

$E_{lok,net}$ aus der Durchbiegung im querkraftfreien Bereich ermittelter, auf den Nettoquerschnitt (=Summe der Längslagen) bezogener statischer Biege-Elastizitätsmodul eines Prüfkörper in N/mm²

$f_{m,net}$ auf den Nettoquerschnitt (=Summe der Längslagen) bezogene Biegefestigkeit eines Prüfkörpers in N/mm²

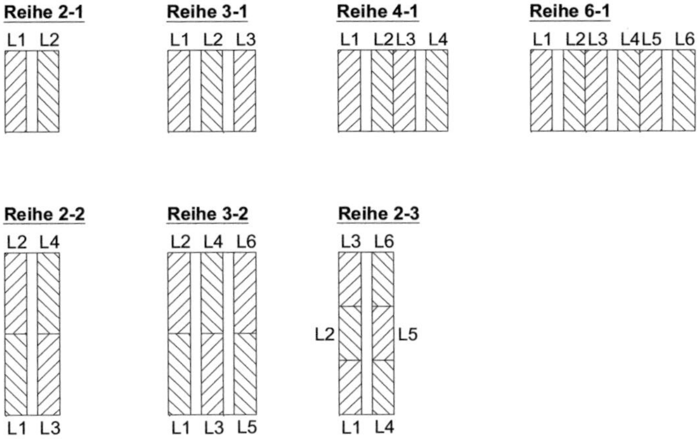

Bild A-1   Nummerierung der Brettlamellen

Tabelle A-1   Brettdaten und Versuchsergebnisse - Prüfkörper der Reihe 2-1

Prüf-körper	Klasse	Lamelle L1			Lamelle L2			$E_{lok,net}$	$f_{m,net}$
		E_{dyn}	ρ_0	SK	E_{dyn}	ρ_0	SK		
2-1-1	1	13869	371	13	11952	384	13	11570	36,4
2-1-2		15151	465	13	14239	426	13	15050	47,5
2-1-3		12038	396	10	11559	398	13	11100	33,9
2-1-4		13869	371	13	11952	384	13	11200	38,3
2-1-5		15151	465	13	14239	426	13	14750	52,7
2-1-6		12038	396	13	11559	398	13	12430	40,5
2-1-7	2	10295	375	-	10577	359	-	11200	52,8
2-1-8		9222	383	-	6805	342	-	9730	37,5
2-1-9		10295	375	-	10577	359	-	10240	41,5
2-1-10		9222	383	-	6805	342	-	8340	22,1

Tabelle A-2   Brettdaten und Versuchsergebnisse - Prüfkörper der Reihe 3-1

Prüf-körper	Klasse	Lamelle L1			Lamelle L2			Lamelle L3			$E_{lok,net}$	$f_{m,net}$
		E_{dyn}	ρ_0	SK	E_{dyn}	ρ_0	SK	E_{dyn}	ρ_0	SK		
3-1-1	1	12108	428	-	12986	419	-	11762	382	-	11960	48,3
3-1-2		13898	445	-	14766	439	-	11980	426	-	13890	45,6
3-1-3		13165	455	-	12180	399	-	13993	423	-	11770	39,1
3-1-4		12108	428	-	12986	419	-	11762	382	-	11870	51,3
3-1-5		13898	445	-	14766	439	-	11980	426	-	13950	39,4
3-1-6		13165	455	-	12180	399	-	13993	423	-	13570	54,5
3-1-7	2	7842	366	-	11481	426	-	10817	413	-	12360	32,0
3-1-8		8500	396	-	11360	375	-	10096	383	-	12720	41,0
3-1-9		7842	366	-	11481	426	-	10817	413	-	10240	34,0
3-1-10		8500	396	-	11360	375	-	10096	383	-	10400	36,8

Tabelle A-3   *Brettdaten und Versuchsergebnisse -*
             Prüfkörper der Reihe 4-1

Prüf-körper	Klasse	Lamelle L1			Lamelle L2		
		E_{dyn}	ρ_0	SK	E_{dyn}	ρ_0	SK
4-1-1	1	11590	421	13	12144	439	13
4-1-2		11675	397	13	11768	423	13
4-1-3		14901	421	-	13415	451	13
4-1-4		13214	439	13	14720	400	10
4-1-5		11585	444	13	12037	410	13
4-1-6	2	11066	389	7	9995	364	10
4-1-7		9180	377	10	9527	382	7
4-1-8		9177	356	10	9967	412	10
4-1-9		10875	369	10	9997	365	10
4-1-10		9514	370	10	8956	394	7

Tabelle A-3   *(fortgesetzt)*

Prüf-körper	Klasse	Lamelle L3			Lamelle L4			$E_{lok,net}$	$f_{m,net}$
		E_{dyn}	ρ_0	SK	E_{dyn}	ρ_0	SK		
4-1-1	1	13679	436	-	13290	404	13	13200	44,3
4-1-2		12307	481	13	12543	409	13	13780	48,0
4-1-3		12960	453	13	13653	437	-	13000	37,1
4-1-4		11614	389	10	12333	404	13	12220	40,8
4-1-5		12727	396	13	13797	481	10	13390	37,5
4-1-6	2	9330	407	10	10378	392	10	12410	41,2
4-1-7		10013	393	13	11171	405	7	11860	44,6
4-1-8		7469	356	10	8133	369	10	10280	37,9
4-1-9		11160	367	10	9239	422	10	10670	33,6
4-1-10		9402	356	7	11505	401	10	10560	37,8

Tabelle A-4   Brettdaten und Versuchsergebnisse - Prüfkörper der Reihe 6-1

Prüf-körper	Klasse	Lamelle L1			Lamelle L2			Lamelle L3		
		E_{dyn}	ρ_0	SK	E_{dyn}	ρ_0	SK	E_{dyn}	ρ_0	SK
6-1-1	1	15261	469	13	11828	443	-	14921	420	13
6-1-2		11691	409	13	13073	423	13	12634	417	10
6-1-3		12641	428	-	12305	404	13	15086	459	13
6-1-4		12462	408	10	11672	440	13	12518	411	10
6-1-5		13166	431	13	12082	396	13	13227	404	13
6-1-6	2	9613	372	10	9730	373	-	10645	382	10
6-1-7		9282	371	10	10647	408	10	11504	433	10
6-1-8		9178	379	7	7438	335	10	10379	415	10
6-1-9		11410	409	7	8740	365	10	10782	378	13
6-1-10		7812	340	10	11376	392	10	9486	392	10

Tabelle A-4   (fortgesetzt)

Prüf-körper	Klasse	Lamelle L4			Lamelle L5			Lamelle L6			$E_{lok,net}$	$f_{m,net}$
		E_{dyn}	ρ_0	SK	E_{dyn}	ρ_0	SK	E_{dyn}	ρ_0	SK		
6-1-1	1	11733	436	13	10008	398	-	11569	403	13	13340	48,3
6-1-2		12066	380	13	12752	450	13	14421	406	13	13800	52,2
6-1-3		12243	442	13	13124	408	13	13324	414	13	13370	47,2
6-1-4		12529	399	10	13595	451	13	13449	429	13	12110	45,4
6-1-5		13705	430	13	12145	421	13	12858	417	13	11530	37,9
6-1-6	2	7970	387	10	9664	432	10	11310	420	10	10550	43,5
6-1-7		11231	420	10	10392	402	10	10342	380	10	9700	34,4
6-1-8		11484	369	-	10143	358	10	8303	355	10	9750	31,6
6-1-9		10781	391	10	10227	405	13	9392	381	7	10630	36,6
6-1-10		10009	373	10	11328	390	10	9400	360	10	10670	36,4

Tabelle A-5   Brettdaten und Versuchsergebnisse -
                Prüfkörper der Reihe 2-2

Prüf-körper	Klasse	Lamelle L1			Lamelle L2		
		E_{dyn}	ρ_0	SK	E_{dyn}	ρ_0	SK
2-2-1	1	14761	403	13	16306	438	13
2-2-2		18570	498	-	15944	441	13
2-2-3		17971	498	13	18432	472	13
2-2-4		15454	460	13	13138	426	10
2-2-5		13041	427	13	12320	431	13
2-2-6	2	9759	363	-	10669	372	-
2-2-7		8561	386	-	10652	371	-
2-2-8		7026	349	-	9043	354	-
2-2-9		9025	342	-	11058	386	-
2-2-10		11370	371	-	9978	369	-

Tabelle A-5   (fortgesetzt)

Prüf-körper	Klasse	Lamelle L3			Lamelle L4			$E_{lok,net}$	$f_{m,net}$
		E_{dyn}	ρ_0	SK	E_{dyn}	ρ_0	SK		
2-2-1	1	17695	519	13	16917	427	13	15200	51,0
2-2-2		16266	437	13	16167	457	10	16280	46,5
2-2-3		15579	472	13	15288	400	13	17190	50,9
2-2-4		12170	385	13	11677	384	13	13000	48,5
2-2-5		14558	433	10	13442	472	10	13690	28,1
2-2-6	2	9840	382	-	8225	394	-	9600	37,0
2-2-7		10101	408	-	11028	370	-	10150	22,5
2-2-8		10020	369	-	11461	374	-	9840	22,9
2-2-9		10583	371	-	10335	354	-	10060	24,1
2-2-10		8253	353	-	10985	360	-	10230	25,6

Tabelle A-6   Brettdaten und Versuchsergebnisse - Prüfkörper der
Reihe 3-2

Prüf-körper	Klasse	Lamelle L1			Lamelle L2			Lamelle L3		
		E_{dyn}	ρ_0	SK	E_{dyn}	ρ_0	SK	E_{dyn}	ρ_0	SK
3-2-1	1	13254	423	-	12422	410	-	13865	403	-
3-2-2		12554	447	-	12753	412	-	13074	454	-
3-2-3		13349	422	-	15278	431	-	14049	419	-
3-2-4		15228	485	-	13405	452	-	13554	436	-
3-2-5		13607	476	-	13430	488	-	13361	443	-
3-2-6	2	7749	398	-	10975	399	-	11175	408	-
3-2-7		9603	375	-	10640	379	-	11514	402	-
3-2-8		8743	342	-	8877	349	-	11053	383	-
3-2-9		9276	406	-	10836	406	-	11163	411	-
3-2-10		8972	388	-	9667	389	-	11131	438	-

Tabelle A-6   (fortgesetzt)

Prüf-körper	Klasse	Lamelle L4			Lamelle L5			Lamelle L6			$E_{lok,net}$	$f_{m,net}$
		E_{dyn}	ρ_0	SK	E_{dyn}	ρ_0	SK	E_{dyn}	ρ_0	SK		
3-2-1	1	11595	388	-	12595	436	-	11648	435	-	12340	41,0
3-2-2		13607	409	-	13516	434	-	11605	375	-	12320	35,4
3-2-3		14654	448	-	11907	420	-	12245	417	-	14090	37,1
3-2-4		12247	402	-	11573	402	-	12008	412	-	12220	39,9
3-2-5		14152	445	-	12476	402	-	12771	402	-	13310	34,2
3-2-6	2	10664	361	-	8486	352	-	9721	354	-	9910	31,8
3-2-7		9873	382	-	11309	405	-	10291	379	-	10150	32,2
3-2-8		10909	388	-	9595	395	-	10254	366	-	9310	25,1
3-2-9		9946	370	-	9258	378	-	9514	377	-	9600	24,1
3-2-10		11538	414	-	9057	364	-	10732	377	-	9300	25,6

*Tabelle A-7   Brettdaten und Versuchsergebnisse - Prüfkörper der
                  Reihe 2-3*

Prüf-körper	Klasse	Lamelle L1			Lamelle L2			Lamelle L3		
		E_{dyn}	ρ_0	SK	E_{dyn}	ρ_0	SK	E_{dyn}	ρ_0	SK
2-3-1	1	14380	466	-	14547	444	-	15525	510	-
2-3-2		14986	482	-	14425	459	-	15376	454	-
2-3-3		14436	450	-	14065	492	-	14283	458	-
2-3-4		17499	505	-	15109	461	-	15270	451	-
2-3-5		16081	468	-	14804	482	-	16201	502	-
2-3-6		13686	473	-	9707	404	-	11429	416	-
2-3-7		12525	457	-	13298	447	-	13331	441	-
2-3-8		11593	407	-	12224	398	-	13216	421	-
2-3-9		13088	419	-	13208	457	-	13260	403	-
2-3-10		13153	449	-	12689	399	-	12245	409	-

Tabelle A-7   (fortgesetzt)

Prüf-körper	Klasse	Lamelle L4			Lamelle L5			Lamelle L6			$E_{lok,net}$	$f_{m,net}$
		E_{dyn}	ρ_0	SK	E_{dyn}	ρ_0	SK	E_{dyn}	ρ_0	SK		
2-3-1	1	14380	466	-	14547	444	-	15525	510	-	17310	56,4
2-3-2		14986	482	-	14425	459	-	15376	454	-	17630	50,0
2-3-3		14436	450	-	14065	492	-	14283	458	-	16060	63,2
2-3-4		17499	505	-	15109	461	-	15270	451	-	18070	66,7
2-3-5		16081	468	-	14804	482	-	16201	502	-	18160	62,6
2-3-6		13686	473	-	9707	404	-	11429	416	-	13260	44,2
2-3-7		12525	457	-	13298	447	-	13331	441	-	12920	39,0
2-3-8		11593	407	-	12224	398	-	13216	421	-	13270	46,5
2-3-9		13088	419	-	13208	457	-	13260	403	-	13750	50,5
2-3-10		13153	449	-	12689	399	-	12245	409	-	13100	43,7

*Tabelle A-8   Versuchsergebnisse - Prüfkörper der Reihe
2-1 FSH*

Prüfkörper	L1 ρ_0	L2 ρ_0	b_{net} = 66 mm[1] $E_{lok,net}$	$f_{m,net}$	b_{net} = 81 mm[2] $E_{lok,net}$	$f_{m,net}$
2-1 FSH-1	498	493	19360	90,4	15775	73,7
2-1 FSH-2	417	399	17610	47,3	14349	38,5
2-1 FSH-3	312	373	13600	44,8	11081	36,5
2-1 FSH-4	372	456	18290	53,1	14903	43,3
2-1 FSH-5	396	314	15020	50,7	12239	41,3
2-1 FSH-6	428	417	18250	67,0	14870	54,6
2-1 FSH-7	462	461	20850	56,1	16989	45,7
2-1 FSH-8	395	456	18590	54,1	15147	44,1
2-1 FSH-9	418	391	19070	73,2	15539	59,6
2-1 FSH-10	389	426	18590	63,1	15147	51,4
2-1 FSH-11	364	410	18000	41,9	14667	34,1
2-1 FSH-12	438	446	19070	51,9	15539	42,3
2-1 FSH-13	493	438	17710	43,8	14430	35,7
2-1 FSH-14	422	476	17470	55,7	14235	45,4
2-1 FSH-15	343	391	16260	52,3	13249	42,6
2-1 FSH-16	415	524	20190	71,7	16451	58,4

[1] Summe der Längslagen ohne Längsfurniere in der Furniersperrholzplatte

[2] Summe der Längslagen einschließlich der Längsfurniere in der Furniersperrholzplatte

Anlage 2

Parameterstudie zur Ermittlung der Beiwerte k_2 und k_5 zur Berücksichtigung des Einflusses der Durchbruchlänge ℓ_d auf die Schubspannungen in den Kreuzungsflächen.

Der grundlegende Aufbau des für die Parameterstudie verwendeten Gittermodells, die verwendeten Balkenelemente sowie die Kopplung rechtwinklig zueinander verlaufender Stäbe, wurde bereits in Abschnitt 1 beschrieben. Zur Ermittlung der Schubspannungen in den Kreuzungsflächen im Bereich von Durchbrüchen wurden Einfeldträger mit Hilfe des Gittermodells abgebildet, wobei gleiche Lamellenbreiten in den Längs- und Querlagen angenommen wurden. Alle Träger hatten zwei gleich große Durchbrüche, die in der Mitte zwischen den Auflagerlinien und den Lasteinleitungspunkten und stets symmetrisch zur Trägerachse angeordnet waren. Die betrachteten Durchbruchhöhen variierten zwischen der Breite einer Lamelle b und der halben Trägerhöhe h. Die Länge der untersuchten Durchbrüche lag zwischen der zweifachen Lamellenbreite b und der Trägerhöhe h. Innerhalb der genannten Grenzen wurden für beide Abmessungen nur ganzzahlige Vielfache der Lamellenbreite b untersucht. Die Trägerstützweite L betrug das 15-fache der Trägerhöhe h. Die Anzahl der Lamellen in den Längslagen variierte zwischen vier und acht Lamellen. Im Abstand $L/3$ von den Auflagerlinien wurden die Träger an der Oberkante durch zwei Einzellasten $F = 10$ kN belastet. Die maximalen Schubspannungen in den Kreuzungsflächen am Rand der Durchbrüche wurden aus den Schnittgrößen der für die Kopplung von Längs- und Querlagen verwendeten Federelemente berechnet.

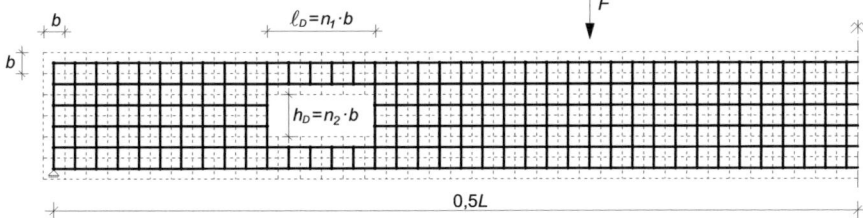

Bild A-2   Gittermodell zur Ermittlung der Beiwerte k_2 und k_5 für Träger mit Durchbrüchen

In Tabelle A-9 und Tabelle A-10 sind die Abmessungen der Träger mit Durchbrüchen und die Ergebnisse der durchgeführten Berechnungen zusammengestellt. In den Spaltenüberschriften bedeuten:

h Trägerhöhe

m Anzahl der Lamellen in den Längslagen

h_e Trägerhöhe im ausgeklinkten Trägerabschnitt

c Länge des ausgeklinkten Trägerabschnittes

M_{tor} Torsionsmoment im ungestörten Träger

k_1 Beiwert nach Gleichung (4-34)

$M_{tor,DB}$ max. Torsionsmoment am Durchbruchrand

F_x Kraftkomponente in Trägerlängsrichtung im ungestörten Träger

$F_{x,DB}$ max. Kraftkomponente in Trägerlängsrichtung am Durchbruchrand

Tabelle A-9   *Ergebnisse der Parameterstudie zur Ermittlung des Beiwertes k_2 für Träger mit Durchbrüchen*

h	m	ℓ_D	h_D	$k_1 \cdot M_{tor}$	$M_{tor,DB}$	$M_{tor,DB}/(k_1 \cdot M_{tor})$
mm	-	mm	mm	Nm	Nm	-
600	4	300	300	350	284	0,81
600	4	450	300	350	352	1,00
600	4	600	300	350	421	1,20
900	6	300	300	182	178	0,98
900	6	600	300	182	263	1,44
900	6	900	300	182	347	1,91
1050	7	300	150	122	139	1,13
1050	7	600	150	122	198	1,62
1050	7	900	150	122	257	2,10
1050	7	300	450	184	166	0,90
1050	7	600	450	184	248	1,35
1050	7	900	450	184	332	1,81
1200	8	300	300	123	129	1,05
1200	8	600	300	123	187	1,52
1200	8	900	300	123	245	1,99

Tabelle A-9 – fortgesetzt

h	m	ℓ_D	h_D	$k_1 \cdot M_{tor}$	$M_{tor,DB}$	$M_{tor,DB}/(k_1 \cdot M_{tor})$
mm	-	mm	mm	Nm	Nm	-
1200	8	1200	300	123	303	2,46
1200	8	300	600	185	156	0,85
1200	8	600	600	185	238	1,29
1200	8	900	600	185	320	1,73
1200	8	1200	600	185	402	2,18

Tabelle A-10   Ergebnisse der Parameterstudie zur Ermittlung des Beiwertes k_5 für Träger mit Durchbrüchen

h	m	ℓ_D	h_D	$k_3 \, k_4 \cdot F_x$	$F_{x,DB}$	$F_{x,DB}/(k_3 \, k_4 \cdot F_x)$
mm	-	mm	mm	Nm	Nm	-
600	4	300	300	2143	2368	1,11
600	4	450	300	2143	2760	1,29
600	4	600	300	2143	3148	1,47
900	6	300	300	865	963	1,11
900	6	600	300	865	1319	1,53
900	6	900	300	865	1675	1,94
1050	7	300	150	548	664	1,21
1050	7	600	150	548	926	1,69
1050	7	900	150	548	1188	2,17
1050	7	300	450	784	885	1,13
1050	7	600	450	784	1165	1,49
1050	7	900	450	784	1444	1,84
1200	8	300	300	476	554	1,16
1200	8	600	300	476	753	1,58
1200	8	900	300	476	961	2,02
1200	8	1200	300	476	1168	2,45
1200	8	300	600	736	810	1,10
1200	8	600	600	736	1039	1,41
1200	8	900	600	736	1267	1,72
1200	8	1200	600	736	1495	2,03

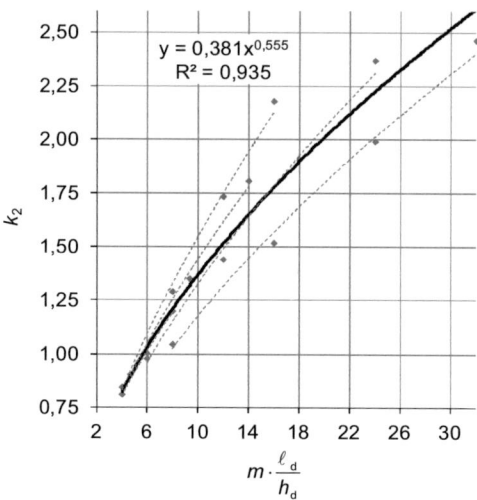

Bild A-3   Beiwert k_2 zur Berücksichtigung des Einflusses der Durchbruchlänge auf die Torsionsschubspannungen in den Kreuzungsflächen am Rand von Durchbrüchen

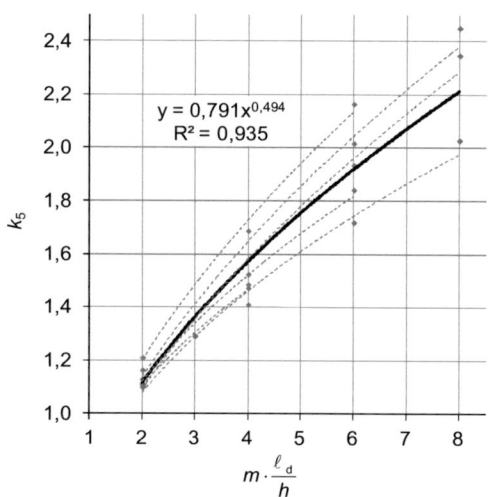

Bild A-4   Beiwert k_5 zur Berücksichtigung des Einflusses der Durchbruchlänge auf die Schubspannungen in Richtung der Trägerachse am Rand von Durchbrüchen

Anlage 3

Parameterstudie zur Ermittlung des Beiwertes k_1 zur Berücksichtigung des Einflusses der Ausklinkungshöhe h-h_e und der Länge des ausgeklinkten Trägerabschnittes c auf die Schubspannungen in den Kreuzungsflächen.

Es wurden Träger mit Ausklinkungen mit unterschiedlichen Verhältnissen h_e/h und c/h berechnet. Für die Berechnung wurde das in Abschnitt 1 und Anlage 2 beschriebene Gittermodell verwendet. Die Ausklinkungshöhe h-h_e wurde zwischen einer Lamellenbreite b und der halben Trägerhöhe variiert. Die Länge der ausgeklinkten Trägerabschnitte lag zwischen der Breite einer Lamelle b und der Trägerhöhe h. Innerhalb der genannten Grenzen wurden für beide Abmessungen nur ganzzahlige Vielfache der Lamellenbreite b untersucht. Die Stützweite der berechneten Träger betrug das 15-fache der Trägerhöhe h. Als Belastung wurden zwei Einzellasten F = 10 kN im Abstand $L/3$ von den Auflagerlinien aufgebracht.

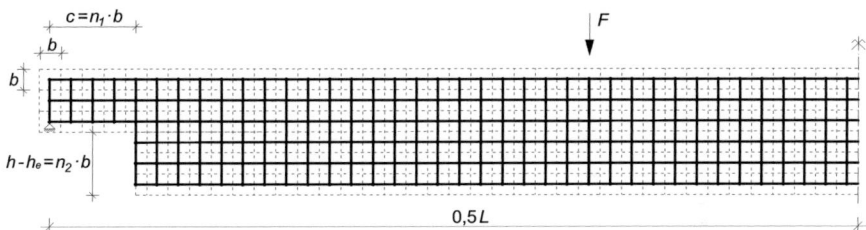

Bild A-5   Gittermodell zur Ermittlung der Beiwerte k_1 für Träger mit Ausklinkungen

Für alle untersuchten Ausklinkungen wurde das Verhältnis der maximalen Torsionsschubspannung in der Ausklinkungsecke und der Torsionsschubspannung nach Gleichung (4-9) berechnet. Mit Hilfe einer multiplen Regressionsanalyse wurde eine Beziehung zwischen der Ausklinkungslänge c der Trägerhöhe im ausgeklinkten Abschnitt h_e und dem Verhältnis der Torsionsschubspannungen k_1 ermittelt.

$$k_1 = \frac{M_{tor,A}}{M_{tor}} = 0,906 \cdot \left(\frac{h_e}{h}\right)^{-1,45 \cdot \left(\frac{c}{h}\right)^{0,663}}$$

In Tabelle A-11 sind die Abmessungen der ausgeklinkten Träger und die Ergebnisse der durchgeführten Berechnungen zusammengestellt. In den Spaltenüberschriften bedeuten:

h Trägerhöhe

m Anzahl der Lamellen in den Längslagen

h_e Trägerhöhe im ausgeklinkten Trägerabschnitt

c Länge des ausgeklinkten Trägerabschnittes

M_{tor} Torsionsmoment im ungestörten Träger

$M_{tor,A}$ max. Torsionsmoment im ausgeklinkten Trägerabschnitt

Tabelle A-11   Ergebnisse der Parameterstudie zur Ermittlung des Beiwertes k_1 für Träger mit Ausklinkungen

h	m	h_e	c	M_{tor}	$M_{tor,A}$	$M_{tor,A}/M_{tor}$
mm	-	mm	mm	Nm	Nm	-
300	2	150	150	2813	4770	1,70
300	2	150	300	2813	7072	2,51
450	3	300	150	2222	2538	1,14
450	3	300	300	2222	3052	1,37
600	4	450	150	1758	1794	1,02
600	4	450	300	1758	2028	1,15
600	4	300	150	1758	2325	1,32
600	4	300	300	1758	2909	1,65
750	5	600	150	1440	1402	0,97
750	5	600	300	1440	1550	1,08
750	5	450	150	1440	1637	1,14
750	5	450	300	1440	1905	1,32
900	6	750	150	1215	1153	0,95
900	6	750	300	1215	1266	1,04
900	6	750	450	1215	1328	1,09
900	6	600	150	1215	1290	1,06
900	6	600	300	1215	1469	1,21

Tabelle A-11 – fortgesetzt

h	m	h_e	c	M_{tor}	$M_{tor,A}$	$M_{tor,A}/M_{tor}$
mm	-	mm	mm	Nm	Nm	-
900	6	600	450	1215	1574	1,30
900	6	450	150	1215	1531	1,26
900	6	450	300	1215	1846	1,52
900	6	450	450	1215	2056	1,69
1050	7	900	150	1050	980	0,93
1050	7	900	300	1050	1070	1,02
1050	7	900	450	1050	1117	1,06
1050	7	750	150	1050	1068	1,02
1050	7	750	300	1050	1195	1,14
1050	7	750	450	1050	1264	1,20
1050	7	600	150	1050	1202	1,15
1050	7	600	300	1050	1392	1,33
1050	7	600	450	1050	1506	1,43
1200	8	1050	150	923	853	0,92
1200	8	1050	300	923	928	1,01
1200	8	1050	450	923	966	1,05
1200	8	1050	600	923	986	1,07
1200	8	900	150	923	914	0,99
1200	8	900	300	923	1012	1,10
1200	8	900	450	923	1064	1,15
1200	8	900	600	923	1095	1,19
1200	8	750	150	923	999	1,08
1200	8	750	300	923	1135	1,23
1200	8	750	450	923	1209	1,31
1200	8	750	600	923	1257	1,36
1200	8	600	150	923	1131	1,23
1200	8	600	300	923	1330	1,44
1200	8	600	450	923	1448	1,57
1200	8	600	600	923	1532	1,66